FESTSCHRIFT

ZUR

EINWEIHUNG DES NEUBAUES DER BAUINGENIEUR-ABTEILUNG AN DER TECHNISCHEN HOCHSCHULE „FRIDERICIANA", KARLSRUHE I. B.

26. NOVEMBER 1921

Additional material to this book can be downloaded from http://extras.springer.com

ISBN 978-3-662-23697-0   ISBN 978-3-662-25786-9 (eBook)
DOI 10.1007/978-3-662-25786-9

INHALT.

* bedeutet Abbildungen im Text.

	Seite
Der Neubau der Abteilung für Bauingenieurwesen an der Technischen Hochschule Karlsruhe i. B. Von Prof. W. Sackur, Karlsruhe i. B.	1*
Graphische Ermittlung der Formänderung und des Knickwiderstands längs- und querbelasteter Stäbe von beliebiger Querschnittsanordnung. Von Fr. Engesser, Karlsruhe i. B.	2*
Zwei Jahrzehnte hydraulischer Forschung im Flußbaulaboratorium der Technischen Hochschule zu Karlsruhe. Von Th. Rehbock, Karlsruhe i. B.	4*
Verfahren zur Bestimmung des Brückenstaues bei rein strömendem Wasserdurchfluß. Untersuchungen aus dem Flußbaulaboratorium der Technischen Hochschule zu Karlsruhe. Von Th. Rehbock, Karlsruhe i. B.	7*
Die Prüfung der Wasserdichtigkeit von Beton und Eisenbeton. Von E. Probst, Karlsruhe i. B.	13*
Der Unterricht auf dem Gebiet des Verkehrswesens in den Bauingenieurabteilungen der Technischen Hochschulen. Von Professor Dr.-Ing. Otto Ammann, Karlsruhe i. B.	16
Die Bestimmung und Umgrenzung des Begriffs „Städtebau" als Ingenieurwissenschaft. Von Professor K. Hoepfner, Karlsruhe i. B.	19
Genauigkeit der Diagonalen in Dreiecksketten. Von Dr. M. Näbauer, Karlsruhe i. B.	22*
Bau-Erfahrungen. Von Prof. Dr.-Ing. Gaber, Karlsruhe i. B.	28*

Auch erschienen in der Zeitschrift „DER BAUINGENIEUR" 1921, Heft 22.
Verlag von Julius Springer in Berlin.

DER NEUBAU DER ABTEILUNG FÜR BAUINGENIEURWESEN AN DER TECHNISCHEN HOCHSCHULE KARLSRUHE I. B.

Von Prof. W. Sackur, Karlsruhe i. B.

Die bisher sehr unzulängliche Unterbringung der Abteilung für Bauingenieurwesen im alten Hochschulgebäude hatte der Unterrichtsverwaltung schon im Jahre 1913 Veranlassung gegeben, die Bereitstellung der Mittel für einen Neubau durch den Staatshaushalt zu beantragen. Das dringende Bedürfnis zu einem Neubau wurde anerkannt und die Mittel bewilligt. Mit den eigentlichen Bauarbeiten war im Sommer 1914 kaum begonnen, als der Krieg ausbrach und zur sofortigen Einstellung des Bauvorhabens zwang.

Die vorläufige Volksregierung hat in der richtigen Er-

Ebenso wird die architektonische Verbindung des Neubaues mit den vorhandenen Hochschulbauten zu einer einheitlichen Gesamtanlage erst in Erscheinung treten, wenn die im zwischenliegenden Gelände befindlichen Bauplätze ausgenutzt sind. Die Bebauungsmöglichkeiten und die zu wahrenden Freiflächen sind im Lageplan angedeutet.

Das Bauprogramm forderte außer den eigentlichen Studienräumen sehr ausgedehnte Räume für Laboratorien. Diese Forderung hat die Grundrißanordnung und Raumgestaltung des Neubaues bestimmend beeinflußt: Ein größtenteils in der

kenntnis der Notwendigkeit, Arbeitsgelegenheit zu schaffen, sofort nach Kriegsende die Wiederaufnahme der Arbeiten in die Wege geleitet. Für den Gesamtplan der Neuanlage war jedoch insofern eine Verschiebung der Grundbedingungen eingetreten, als durch den Verzicht des Reichsmilitärfiskus auf das ehemalige Zeughaus und vor allem durch die Erschließung des Fasanengartens nunmehr ein sehr viel günstigeres Baugelände zur Verfügung stand, als das bei der ersten Planung im Jahre 1913 der Fall war. Dementsprechend wurde der ursprünglich in Aussicht genommene Bauplatz an der Kaiserstraße aufgegeben und der jetzige Platz hinter dem ehemaligen — nunmehr der Hochschule zur Verfügung gestellten — Zeughaus gewählt.

Wie der Lageplan, Tafel I, Abb. 1, zeigt, ist der Neubau der Bauingenieurabteilung zum ehemaligen Zeughaus in architektonische Beziehung getreten, nachdem eine sachliche Beziehung schon dadurch hergestellt war, daß in dem alten architektonisch wertvollen Bau die der Technischen Hochschule von der früheren badischen Generaldirektion überwiesene verkehrstechnische Sammlung untergebracht wurde. Eine in sich geschlossene Baugruppe wird jedoch erst dann entstehen, wenn das Zeughaus in einer seinen neuen Zwecken als Verkehrsmuseum entsprechenden Weise ausgebaut ist.

Höhe des äußeren Geländes liegendes, sehr ausgedehntes Sockelgeschoß dient zur Unterbringung der Laboratorien, von denen das für den Wasserbau bei einer Länge von rd. 74 m allein schon einen Flächenraum von rd. 850 qm beansprucht (vgl. Tafel II, Grundr.Abb. 2). Im gleichen Geschoß liegt unmittelbar am Nebeneingang des Mittelbaues die Wohnung des Abteilungsdieners. Unterkellerung brauchte nur an einzelnen Stellen vorgenommen zu werden: im Mittelbau für die Lüftungsanlage der Hörsäle und beim Wasserbaulaboratorium zur teilweisen Tiefenbeobachtung der vorhandenen Rinnen. Eigentliche Wirtschaftskeller waren — außer im kleinen Maßstabe für die Wohnung — entbehrlich, da das Gebäude eine eigene Kesselanlage für die Beheizung nicht erhalten hat, sondern durch eine Hochdruck-Dampfleitung vom Kesselhaus der Hochschule aus beheizt wird. Die Laboratorien gruppieren sich im Sockelgeschoß um ein zentral gelegenes Vestibül im Mittelbau, das unmittelbar vom Haupteingang zugänglich ist. Die ganze Rückseite des Geschosses nimmt in der vollen Länge des Mittelbaues und der Flügel das Laboratorium für Wasserbau ein. Die Räume links gehören dem Eisenbahnbau und Eisenbahnsicherungswesen. Zur Rechten befindet sich das Laboratorium für den Eisenbetonbau und die große Maschinenhalle für das baustatische Laboratorium, der die maschinelle Einrichtung bisher allerdings noch fehlt. Die Flügelbauten haben, soweit ihre volle Höhe nicht für die Laboratorien ausgenutzt ist, noch ein 3,30 m hohes Mezzanin erhalten, das für Sammlungszwecke der gleichen Lehrgegenstände verwendet ist.

Über dem Sockelgeschoß baut sich der Mittelbau in drei Stockwerken auf (vergl. Tafel II, die Grundr. Abb. 3, 4, 5 und Tafel I den Schnitt Abb. 6), wobei die Räume eine dem Grundriß nach quadratische Oberlichthalle (Tafel I Abb. 7) umschließen. Die vordere Raumgruppe besteht aus den drei Hörsälen und weiteren Sammlungsräumen für die Elemente des Bauingenieurwesens und für den Städtebau. Die Raumgruppen links und rechts enthalten die Zimmer für die Dozenten und Assistenten und die Vorbereitungszimmer für die Hörsäle. Die nach Norden gelegene Rückseite wird ganz von Zeichensälen eingenommen. Der große Hörsal hat 158 Plätze, die beiden kleineren 102 bezw. 60 Plätze. In jedem Stockwerk liegen 2 Zeichensäle von je 36 Plätzen, sodaß im ganzen 216 Plätze vorhanden sind.

Zur Beheizung des Gebäudes dient eine Niederdruck-Dampfheizung. Außerdem haben sämtliche Hörsäle künstliche Lüftung durch Zuführung frischer, im Winter vorgewärmter, Luft und Abführung der verdorbenen Luft erhalten. Die Entlüftung der Aborte geschieht durch Abluftkanäle bei einer Außentemperatur bis zu + 5° C. auf natürlichem Wege. Für höhere Außentemperaturen sind elektrisch betriebene Saugventilatoren im Dachgeschoß vorgesehen. Der zum Transport größerer Sammlungsgegenstände oder von schweren Lehrgegenständen in die oberen Stockwerke ursprünglich in Aussicht genommene Aufzug konnte wegen der hohen Kosten nicht zur Ausführung kommen, doch sind an der hierfür vorgesehenen Stelle im Raume 13, Grundriß Tafel II, Abb. 3, und darüber die Deckenkonstruktionen derart ausgeführt, daß ein späterer Einbau ohne Schwierigkeit zu ermöglichen ist.

Bei der Ausführung der Bauarbeiten mußte auf die damalige Knappheit einzelner Baumaterialien Rücksicht genommen werden. Der Bau ist deswegen unter möglichster Ersparung von Backsteinen in der für Baden bodenständigen Technik des Bruchsteinmauerwerks aufgeführt. Für die Fenstereinfassungen und architektonischen Glieder ist Sandstein aus den Brüchen von Mühlbach, Sulzfeld und Kürnbach verwendet. Die Decken sind in Eisenbeton entweder als einfache Voutendecken oder als Hohldecken nach dem System Giese mit Lattung und Rohrputz an der Unterseite hergestellt. Die Decken der oberen Geschosse sind als Holzbalkendecken unter Verwendung der Dachkonstruktionen zur Aufhängung ausgeführt. Wegen der eingetretenen außerordentlichen Preiserhöhungen gerade für die Materialien des inneren Ausbaues mußte hier die größte Sparsamkeit obwalten: So konnten auch für die Fußböden der inneren Räume nur tannene Dielen in Frage kommen.

Die Bauausführung, mit der im März 1919 begonnen wurde, konnte ohne Stockungen und Hindernisse fortgeführt werden, obwohl besonders im Anfang die Beschaffung der Materialien und Arbeiten auf mancherlei Schwierigkeiten stieß. Aber gerade in seinem Anfangsstadium konnte der Bau die besondere wirtschaftliche und soziale Aufgabe erfüllen, viele badische Gewerbetreibende bei der Wiederaufnahme ihrer Betriebe zu unterstützen. Die örtliche Bauleitung lag in den Händen des Dipl.-Ing. Regierungsbaumeister Heidt, dem als Hilfskraft Architekt Jung beigegeben war. Die gesamten Baukosten betragen einschließlich der Kosten für die Geländeregulierung und für die innere Einrichtung rund 7 000 000 M. In dieser Summe ist aber von der apparativen Einrichtung der Laboratorien nur ein kleiner Teil enthalten. Der größte Teil der apparativen und maschinellen Ausstattung der Laboratorien ist durch Stiftungen aus den Kreisen der deutschen Industrie zusammengebracht worden.

GRAPHISCHE ERMITTLUNG DER FORMÄNDERUNG UND DES KNICKWIDERSTANDS LÄNGS UND QUER BELASTETER STÄBE VON BELIEBIGER QUERSCHNITTSANORDNUNG.

Von Fr. Engesser, Karlsruhe i. B.

1. Ein gerader Stab von der Länge l, der an dem einen Ende A eingespannt ist und am freien Ende C von einer Druckkraft P im Abstand c von der Achse angegriffen wird (Bild 1), nimmt eine gekrümmte Gestalt an, wobei die Hebelarme (y) von P allmählich bis auf a an der Einspannstelle A ansteigen. Bei gegebener Größe a läßt sich die Krümmungslinie (elastische Linie) des Stabs in einfacher Weise schrittweise festlegen. Der Stab wird zu diesem Zweck in m Elemente von der Länge Δs geteilt, innerhalb welcher Trägheitsmoment J und Krümmungsradius r als gleichbleibend angenommen werden dürfen (siehe Bild 2). Für das erste Element bei A ist das Biegungsmoment

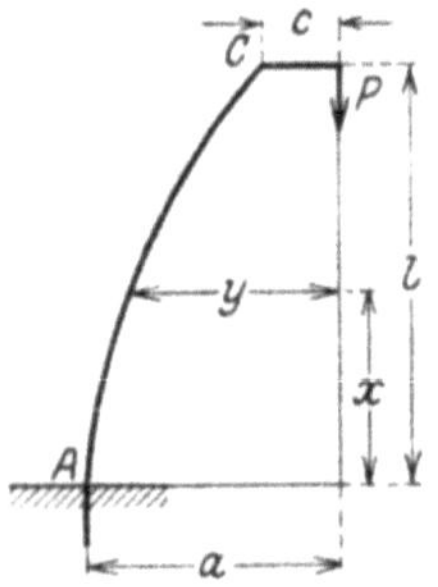

$$M_1 = P a,$$

der Krümmungsradius:

$$r_1 = \frac{E J_1}{M_1},$$

der Krümmungswinkel:

$$\Delta \varphi_1 = \frac{\Delta s}{r_1} = \frac{M_1 \Delta s}{E J_1} = \frac{P a \Delta s}{E J_1}.$$

Abb. 1.

Für das zweite Element ist der Hebelarm

$$y_2 = a - \Delta s \sin \Delta \varphi_1,$$

der Krümmungsradius:

$$r_2 = \frac{E J_2}{P y_2},$$

der Krümmungswinkel:

$$\Delta \varphi_2 = \frac{P y_2 \Delta s}{E J_2}.$$

Für das dritte Element ist der Hebelarm:

$$y_3 = y_2 - \Delta s \sin (\Delta \varphi_1 + \Delta \varphi_2) = y_2 - \Delta s \sin \varphi_2,$$

wo $\varphi_2 = \Delta \varphi_1 + \Delta \varphi_2 =$ Tangentenwinkel des zweiten Elements; der Krümmungsradius ist:

$$r_3 = \frac{E J_3}{P y_3},$$

der Krümmungswinkel:

$$\Delta \varphi_3 = \frac{P y_3 \Delta s}{E J_3}.$$

Für das s^{te} Element wird, unter Vernachlässigung kleiner Größen zweiter Ordnung,

$$y_s = y_{s-1} - \Delta s \sin \varphi_{s-1};$$

$$r_s = \frac{E J_s}{P y_s};$$

$$\Delta \varphi_s = \frac{P y_s \Delta s}{E J_s}$$

In der Anwendung sind die Tangentenwinkel φ sehr klein, so daß man Bogen und Sinus einander gleich setzen darf, wodurch

$$y_s = y_{s-1} - \Delta s \cdot \varphi_{s-1}$$

wird; und $\cos \varphi = 1$, d. h.

$$\Delta x = \Delta s \cos \varphi = \Delta s.$$

Dies vereinfacht das zeichnerische Verfahren: Man kann die Krümmungswinkel $\Delta \varphi$ schrittweise in beliebig verzerrtem Maßstab auf einer Geraden T' senkrecht zur Kraftrichtung P auftragen (Bild 3), statt auf einem Kreisbogen (in Bild 3 punktiert), und sodann jeweils die Tangenten ST der elastischen Linie (Bild 2) den Polstrahlen OT' des Bildes 3 parallel ziehen. Der Abstand des Endpunktes C der elastischen Linie von dem Kraftangriffspunkt K liefert den Hebelarm c der Kraft P am freien Stabende, der zu dem gegebenen Hebelarm a am eingespannten Stabende gehört. Der Einfluß der Verkürzung und der Verschiebung der Stabelemente durch die Normalkräfte $P \cos \varphi$ und Querkräfte $P \sin \varphi$ ist i. a. ohne Bedeutung für die Gestalt der elastischen Linie; er kann im Bedarfsfall leicht berücksichtigt werden, indem man jeweils die Abszisse x des Stabelements um $\frac{P \cos \varphi \, \Delta s}{E F}$ und die Ordinate y um $\frac{\zeta P \sin \varphi \, \Delta s}{G F}$ ändert, ehe man die Tangente ST zieht. Hierin bedeutet G den Schubelastizitätsmodel, F die Größe des Querschnitts und ζ einen Beiwert, der bei rechteckiger Querschnittsform den Wert 1,2 hat. Ist nicht der Hebelarm a am eingespannten Stabende A gegeben, sondern der Hebelarm c am freien Ende, so kann man die elastische Linie nicht unmittelbar aufzeichnen; man muß einen Umweg einschlagen: Man ermittelt für verschiedene angenommene Werte von a nach dem vorstehend angegebenen Verfahren die zugehörigen Werte von c (= c'), bestimmt deren Abweichungen (Fehler) $\Delta c = c' - c$ von dem vorgeschriebenen Werte c und trägt sodann die Fehlerlinie mit den a als Abszissen und den zugehörigen Δc als Ordinaten auf. Die Abszisse des Nullpunkts dieser Fehlerlinie liefert

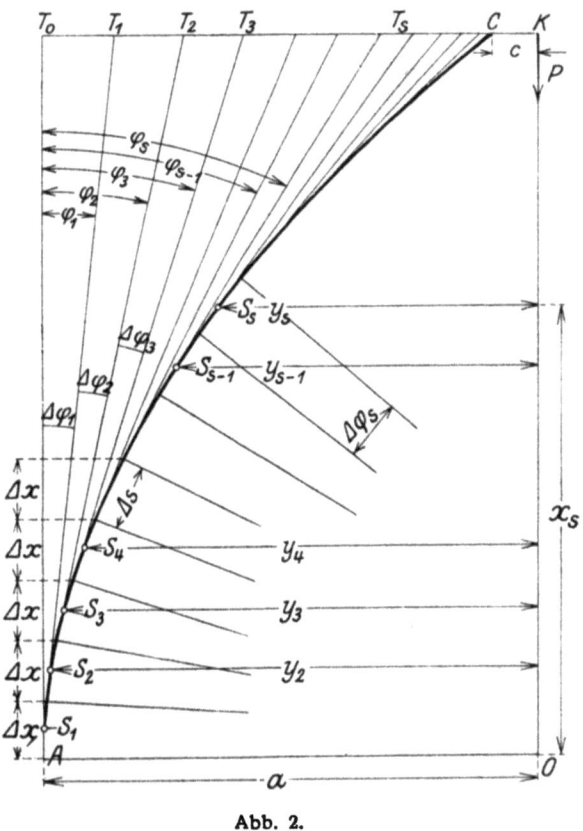
Abb. 2.

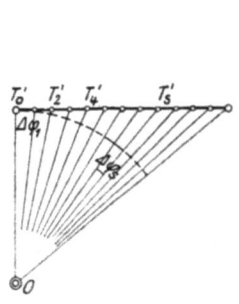
Abb. 3.

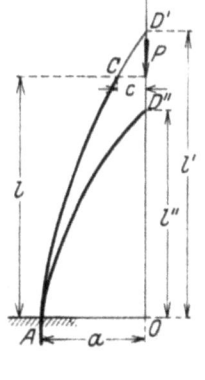
Abb. 4.

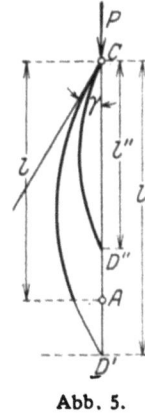
Abb. 5.

den richtigen Wert von a und daran anschließend die richtige elastische Linie, die zu dem gegebenen Hebelarm c am freien Stabende gehört.

2. Verlängert man die Endtangente der elastischen Linie, bis sie die Kraftlinie P im Punkt D' schneidet (Bild 4), so stellt die entsprechende Abszisse l' die zu der gegebenen Druckkraft P gehörige Knicklänge eines gedachten Stabes dar, der auf der überschießenden Strecke l'—l keine Formänderung erleidet, für den hier $J = \infty$ ist. Die im Punkte D' angreifende (zentrische) Kraft P vermag den gedachten Stab (unter der gemachten Voraussetzung $\Delta x = \Delta s$) in jeder beliebigen Ausbiegung a zu erhalten. Von welchem Werte a man auch bei der Aufzeichnung der elastischen Linie ausgehen möge, man erhält stets den gleichen Wert der Knicklänge l'[1]). Schneidet die elastische Linie die Kraftlinie innerhalb der Stablänge l im Punkt D'', dessen Abszisse OD'' = l'', so ist die gegebene Druckkraft P größer als die Knickkraft P_0 des Stabes von der Länge l. Man muß den gegebenen Stab auf die Länge l'' verkürzen, um bei dem betreffenden Wert von P Knickgleichgewicht zu erzielen. Liegt nun die Aufgabe vor, zu einem beliebig gestalteten Stab von der Länge l die Knickkraft P_0 zu bestimmen, so kann dieselbe gleichfalls auf dem Umweg über eine „Fehlerlinie" gelöst werden. Man ermittelt, von einem beliebigen Wert von a ausgehend, für verschiedene Werte von P die zugehörigen Längen l' bzw. l'' und trägt sodann die Fehlerlinie mit $\Delta l = l' - l$, bzw. $\Delta l = l'' - l$ als Ordinaten und mit P als Abszissen auf. Die Abszisse des Punkts, bei welchem die Fehlerlinie durch Null geht, liefert die gesuchte Knickkraft P_0. Liegen die Knickspannungen, $\sigma = P_0 : F$, außerhalb Elastizitätsgrenze, so ist das angegebene Verfahren ebenfalls anwendbar; man hat nur jeweils die zu den σ gehörigen Knickmodel T an Stelle des Elastizitätsmodels E einzuführen.

3. Ist der gedrückte Stab an beiden Enden gelenkig geführt, so kann man für den Fall, daß die Stabquerschnitte symmetrisch zum Mittelschnitt angeordnet sind, zur Bestimmung der Knickkraft P_0 das gleiche Verfahren, wie unter Nummer 2 angegeben, anwenden. Andernfalls, bei vorhandener Unsymmetrie, muß man mit der Aufzeichnung der elastischen Linie vom Endpunkt C ausgehen (Bild 5), unter Annahme eines beliebigen Tangentenwinkels γ (dessen Größe theoretisch ohne Bedeutung ist). Das Verfahren ist nach den gleichen Grundsätzen auszuführen wie früher. Man bestimmt für verschiedene Druckkräfte P die zugehörigen Knicklängen l' bzw. l'' und sodann die Fehlerlinie Δl, deren Durchgangspunkt durch Null die gesuchte Knickkraft P_0 angibt.

---

[1]) Eine entsprechend kleinere Knicklänge l_1' erhielte man, wenn man auf der überschießenden Strecke des gedachten Stabs statt $J = \infty$ ein beliebiges endliches Trägheitsmoment J_1 einführte.

4. Einfluß von Belastungen quer zur Stabachse auf den Druckwiderstand des Stabs. Es soll bei gegebener Querbelastung (z. B. Eigengewicht des wagerecht gelagerten Stabs) die Druckkraft P bestimmt werden, die der Stab noch aushalten kann, wenn eine bestimmte Höchstspannung σ nicht überschritten werden darf. Die bei einer gegebenen Druckkraft P zulässige Ausbiegung a ergibt sich aus:

$$P(a+w)\frac{gl^2}{8} = W\sigma,$$

wo W = Widerstandsmoment, w = W : F; g = konstant angenommene Querbelastung, zu

$$a = \left(W\sigma - \frac{gl^2}{8}\right) : P - w.$$

Man führt nun die in Nr. 1 beschriebene Aufzeichnung der elastischen Linie aus, unter Beachtung, daß nunmehr bei Bestimmung von $\Delta\varphi = \frac{M \Delta s}{EJ}$ jeweils

$$M = Py + g\left(\frac{l^2}{8} - \frac{x^2}{2}\right)$$

einzuführen ist. Die für verschiedene Annahmen von P sich ergebenden Ordinaten c (Bild 2) zeigen die zugehörigen Fehler gegenüber dem richtigen Wert P_1 an, letzteren erhält man aus der „Fehlerlinie" als Abszisse für die Ordinate Null.

In ähnlicher Weise kann man vorgehen, wenn die Größe von g nicht fest gegeben ist, sondern in einem bestimmten Verhältnis zur Druckkraft P steht; ferner, wenn die Druckkraft P festgegeben ist, und es sich darum handelt, die Größe von g ($=g_1$) zu bestimmen, bei welcher die Höchstspannung σ erreicht wird.

5. Einfluß des Eigengewichts auf die Knickkraft P_0 bei lotrecht stehenden Stäben.

a) Der Stab ist unten bei A eingespannt, oben bei C frei. Man geht bei der Aufzeichnung der elastischen Linie vom freien Ende C aus, unter Annahme eines beliebigen Tangentenwinkels γ daselbst (Bild 5), und berücksichtigt in den Werten der Biegungsmomente M jeweils noch das Gewicht der oberhalb gelegenen Stabstrecke,

$$M = Py + y\sum_x^l g \Delta s - \sum_x^l y g \Delta s.$$

Dem richtigen Wert von P entspricht eine senkrechte Tangente an der Einspannungsstelle A.

b) Ist der Stab oben und unten gelenkig geführt, so treten infolge des exzentrisch wirkenden Eigengewichts

$$G\ (=\sum_0^l g \Delta s)$$ noch wagerechte Gelenk-

drücke H auf, wodurch sich die Biegungsmomente M jeweils noch um H z vergrößern (siehe Bild 6). Der Wert von H wächst proportional dem angenommenen Tangentenwinkel γ und kann genau genug gesetzt werden $H = \frac{G\gamma}{6}$.

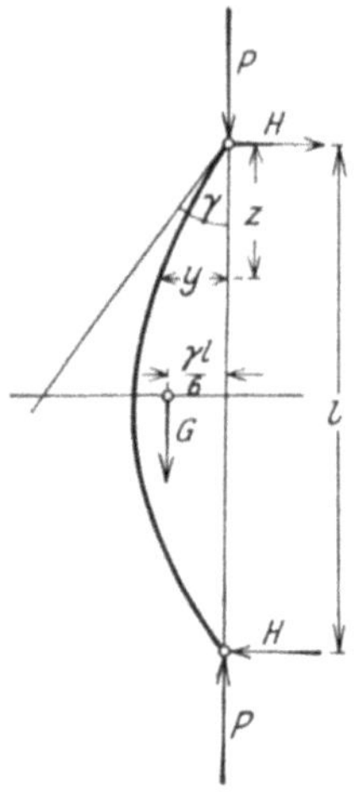

Abb. 6.

6. Zum Schluß sei noch kurz darauf hingewiesen, daß man im Bedarfsfall das zeichnerische Verfahren leicht durch ein rein rechnerisches ersetzen kann, indem man die angegebenen einfachen Konstruktionen in die Sprache der Analysis überträgt.

ZWEI JAHRZEHNTE HYDRAULISCHER FORSCHUNG IM FLUSSBAULABORATORIUM DER TECHNISCHEN HOCHSCHULE ZU KARLSRUHE.

Von Th. Rehbock, Karlsruhe i. B.

Als der Verfasser im Jahre 1899 aus dem praktischen Berufsleben heraus auf den Lehrstuhl des Wasserbaues der Technischen Hochschule zu Karlsruhe berufen wurde, knüpfte er an die Annahme des Rufes die Bedingung, daß ihm die Mittel für die Einrichtung eines Flußbaulaboratoriums zur Verfügung gestellt würden. Damals gab es nur an der Dresdener Hochschule eine wasserbauliche Versuchsanstalt, die Engels nach eigenen Ideen eingerichtet hatte, und die mit ihrem von einer Pumpe gelieferten Wasserstrom und mit ihrer flußbaulichen Versuchsrinne das Vorbild für alle späteren Wasserbaulaboratorien geworden ist.

Im Jahre 1901 wurde das erste Karlsruher Flußbaulaboratorium in vorhandenen, für den verfolgten Zweck leidlich geeigneten Räumen eingerichtet. Es erhielt eine eiserne Rinne für flußbauliche Versuche von 18 m Nutzlänge und 2 m Breite und eine Pumpe, die reichlich 60 l Wasser in der Sekunde der Versuchsanlage zuführen konnte.

Zwei Jahrzehnte lang hat dieses Laboratorium der Erforschung des Wasserabflusses gedient. Es bot in dieser Zeit seinem Leiter, einer großen Zahl von Assistenten und zahlreichen Studierenden Gelegenheit, sich mit den Vorgängen beim Wasserabfluß vertraut zu machen. Es hat auch manche praktische Bauausführung gefördert, indem in ihm für Wasserbauten aufgestellte Entwürfe durch Modellversuche überprüft und in vielen Fällen mit Nutzen verbessert und vereinfacht wurden.

Wenn der Verfasser beim Verlassen dieses Flußbaulaboratoriums die in ihm geleistete Arbeit rückblickend überschaut, kann er die 20jährige Zeitspanne seines Bestehens in drei Abschnitte zerlegen.

Der erste Abschnitt umfaßt die Sturm- und Drangperiode, in der mit großem Eifer gleich an die Untersuchung der verschiedensten und schwierigsten Aufgaben des Wasserbaues herangetreten wurde, auch an das Problem des Wasserabflusses im veränderlichen Bett unter der Einwirkung verschieden gestalteter Einbauten. In den gleichen Modellflüssen wurden die mannigfaltigsten Erscheinungen untersucht; die Ausbildung des Bettes ohne oder mit Buhnen und Leitwerken, Brückenpfeilern und Widerlagern; die Änderungen der Wasserspiegellagen bei Einschränkungen und Erweiterungen des Bettes; die Bewegung des Wassers und der Sinkstoffe; die Versandung bei Hafenmündungen; die Bewegung des Grundwassers und viele andere Erscheinungen des Wasserabflusses. Manche wertvolle Beobachtungen konnten auch bei diesen etwas planlosen Versuchen angestellt werden. Sie haben dazu beigetragen, einen Überblick über das durch Versuche Erreichbare zu gewinnen, und die Technik der Modellversuche zu erproben und zu vervollkommen. Eine wirksame Förderung der praktischen Hydraulik ließ sich aber bei einem so wenig systematischen Vorgehen nicht erwarten. Diese Versuche, die auch als Lehrmittel nicht ohne Wert waren und dem wasserbaulichen Versuchswesen manche Freunde gewannen, wurden immer mehr eingeschränkt und endlich fast ganz aufgegeben, da erkannt wurde, daß auf diesem Wege kein sicherer Fortschritt erzielt werden konnte.

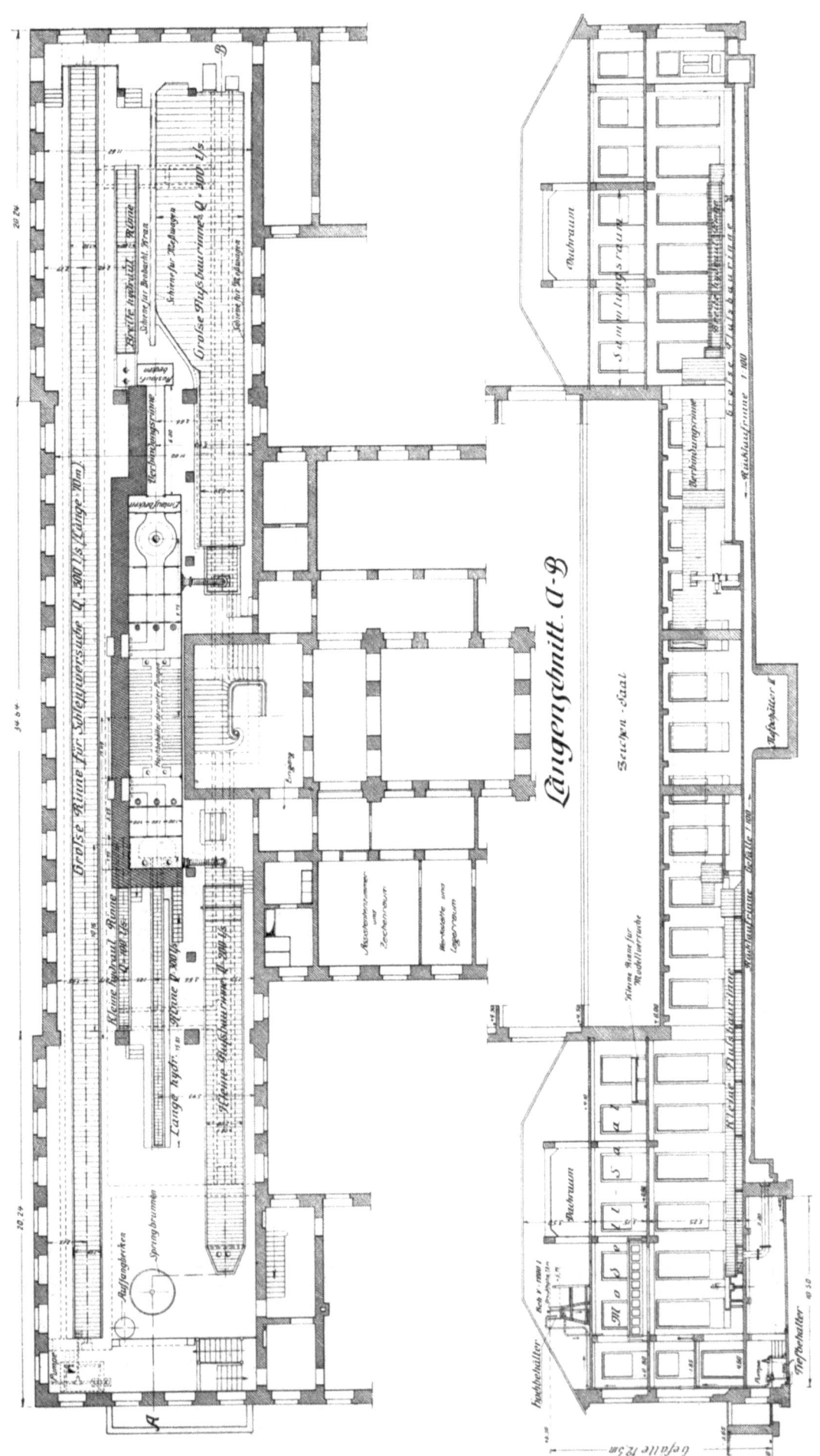

Der Verfasser entschloß sich daher, die Bewegung des Wassers zunächst in einfachen unveränderlichen Betten zu untersuchen, um sich dann von den hierbei gewonnenen Grundlagen ausgehend erst allmählig schwierigen Problemen zuzuwenden.

Die einzelnen Abflußerscheinungen sollten dabei in möglichst gründlicher und umfassender Weise untersucht werden. Voraussetzung hierfür war aber der Einblick in das fließende Wasser. Dies führt zur Anlage der ersten hydraulischen Rinnenanlage mit Spiegelglaswänden.

Ganz anders wie früher ließ sich nun der Wasserabfluß erforschen. Denn es konnten auch die feineren Bewegungen des Wassers genau beobachtet und mit dem Auge verfolgt werden. Auch die Photographie wurde als wichtiges Hilfsmittel der Beobachtung zugezogen, um diejenigen Erscheinungen, denen das Auge nicht schnell genug zu folgen vermochte, durch Momentaufnahmen der genauen Untersuchung zugänglich zu machen und für die Dauer festzuhalten. Wertvolle Einblicke in manche seither verborgenen Abflußerscheinungen wurden dabei gewonnen. Die gewünschte Klarheit über den Abfluß des Wassers wurde aber auch in diesem **zweiten** Zeitabschnitt nicht erzielt. Im Gegenteil: je mehr Beobachtungsstoff gesammelt wurde, um so schwieriger erschien es, die verwickelten Vorgänge beim Wasserabfluß zu ordnen, zu klären und zu verstehen. Diese Überzeugung führte zu einer gewissen Entmutigung und vorübergehend zum Nachlassen im Eifer, mit dem früher Versuche angestellt wurden.

Es folgte eine Zeit, in der zwar einzelne für den praktischen Wasserbau wichtige Werte unter genau gegebenen Abflußbedingungen, z. B. Überfallbeiwerte bei Wehren bestimmter Gestalt, mit möglichster Genauigkeit festgelegt wurden, und in der auch der Versuch gemacht wurde, Formeln für diese Werte bei sich ändernden Verhältnissen abzuleiten; es erschien aber aussichtslos, wirkliche Klarheit über die Abflußerscheinungen zu gewinnen. Diese zweite Periode der Arbeiten im Flußbaulaboratorium war die am wenigsten befriedigende. Sie führte aber doch dazu, allmählich gewisse Fortschritte im Verständnis der Abflußerscheinungen zu machen und namentlich die grundlegende Bedeutung zu erkennen, die den Wasserwalzen für den Wasserabfluß in unregelmäßigen Betten zukommt.

Die Beobachtung des Wasserabflusses durch Spiegelglasscheiben hatte nämlich zum genaueren Studium der zwar schon früher bekannten aber wenig beachteten Erscheinung geführt, daß die mit Wasser gefüllten Räume eines Wasserlaufes nicht immer in ihrer ganzen Ausdehnung dem eigentlichen Wasserabfluß dienen, sondern bei unregelmäßigen Bettformen nur zum Teil vom Wasserstrom ausgefüllt werden, während der übrige Teil Wasserwalzen enthält, in denen sich das Wasser überwiegend in geschlossenen Ringbahnen bewegt.

Die genauere Beobachtung zeigte, daß es in den meisten Fällen möglich ist, zwischen dem Wasserstrom und den Wasserwalzen Trennungsflächen festzulegen, die zur Klärung des Abflußbildes sehr wesentlich beitragen, da sie die Bestimmung der Querschnittsgrößen des reinen Wasserstromes und damit zugleich auch der mittleren Abflußgeschwindigkeiten ermöglichen. Vor allem aber war es von Bedeutung, daß die wichtige Aufgabe erkannt wurde, die den Wasserwalzen beim Wasserabfluß zufällt. Diese besteht in der Vernichtung der bei Senkungen des Wasserspiegels freiwerdenden, im Wasserstrom selbst nicht verbrauchten mechanischen Energie, die in den Wasserwalzen in Wärmeenergie überführt wird.

Die Zerlegung der Schnittbilder der Wasserläufe in den eigentlichen Wasserstrom und in Wasserwalzen sowie die Untersuchungen über den Energiehaushalt, der sich in der zuerst von Koch bei Modellversuchen verwandten Energielinie und der Wechselwirkung zwischen dem Gefälle der Energielinie und dem Energieverbrauch des Wasserstromes und der Wasserwalzen wiederspiegelt, haben das Verständnis des Wasserabflusses und die Verwertbarkeit von Modellversuchen zu seiner Erforschung ganz wesentlich gefördert. Erst nach Einführung dieser Zerlegung haben die Modellversuche ihre heutige Bedeutung für den praktischen Wasserbau voll erhalten. Diese Zerlegungsmethode, die zuerst bei der Untersuchung über den Wasserabluß bei Wehren[1]) angewandt, aber erst bei den Modellversuchen über die Ausbildung des Sihlüberfalles in Zürich weiter durchgebildet und zur vollen Entwicklung gebracht wurde, ist in neuer Zeit bei allen Modellversuchen im Karlsruher Flußbaulaboratorium die Grundlage der Untersuchungen geworden. Sie hat dazu geführt, daß ein besonders lebhaftes und wesentlich erfolgreicheres Arbeiten einsetzte. In diesem dritten Zeitabschnitt wurden neben der Fortführung der Untersuchungen für die Bestimmung von Beiwerten und für die Aufstellung hydraulischer Formeln namentlich größere zusammenhängende Reihen von Modellversuchen für praktische Bauaufgaben im Auftrage staatlicher oder städtischer Behörden sowie für eigene wasserbauliche Entwürfe des Verfassers durchgeführt.

Die schon vorher ungenügenden Raumverhältnisse des alten Laboratoriums haben sich dabei immer mehr als unzureichend erwiesen und den Wunsch nach einem neuen Flußbaulaboratorium, der schon vor dem Kriege zur Aufstellung eines Entwurfes für eine dem aufgetretenen Bedürfnis entsprechende wasserbauliche Versuchsanstalt geführt hatte, noch dringlicher gemacht.

Als nach dem unglücklichen Ende des Krieges Notstandsbauten zur Beschäftigung einer größeren Zahl von Arbeitern erforderlich wurden, konnte im Zusammenhang mit einem Neubau für die Bauingenieurabteilung der Karlsruher Hochschule auch der Frage eines allen Anforderungen entsprechenden Flußbaulaboratoriums mit Nachdruck näher getreten werden. Ein neuer Entwurf wurde ausgearbeitet und mit tunlichster Beschleunigung der Verwirklichung entgegengeführt.

Heute ist dieser Neubau fertiggestellt und auch die innere Einrichtung des Flußbaulaboratoriums ist, gefördert durch bedeutende Beiträge, welche die deutsche Industrie in dankenswerter Weise dazu gestiftet hat, größtenteils betriebsbereit, so daß schon mit den ersten Arbeiten im neuen Laboratorium begonnen werden konnte.

Der Neubau der Bauingenieurabteilung enthält an seiner, dem Fasanengarten zugekehrten Nordseite die beiden Versuchsräume des neuen Flußbaulaboratoriums und die verschiedenen zu ihm gehörenden Nebenräume. Anstelle der einen früheren Pumpe sind nunmehr deren fünf aufgestellt. Die Höchstwassermenge, die für einzelne Versuchsrinnen zur Verfügung steht, ist von reichlich 60 l/sec. auf 330 l/sec gesteigert worden. Anstelle der beiden früheren Versuchsrinnen sind nun 9 Rinnenanlagen vorhanden, darunter eine von 70 m Länge. Die größte Rinnenbreite ist von 2 m auf 5 m vergrößert. Zahlreiche Nebenanlagen gestatten hydraulische Versuche verschiedenster Art, wobei Gefälle bis zu 12,5 m zur Verfügung stehen.

Eine weit umfassendere Tätigkeit als seither wird sich daher im neuen Laboratorium entfalten lassen. Insbesondere können gleichzeitig Versuche für Unterrichtszwecke, zur wissenschaftlichen Forschung und für praktische Bauaufgaben durchgeführt werden; es können die Modelle von früheren Untersuchungen längere Zeit hindurch zu Kontrollversuchen und Vorführungen aufgestellt bleiben; auch sind eine größere Zahl von Vorrichtungen für die Wassermessung und für hydraulische Versuche vorgesehen. Ein ausgedehnter Prüfstand für Untersuchungen des Wasserabflusses in Rohrleitungen mit allen möglichen Wassermeßvorrichtungen und Registrieranlagen ist vorhanden.

Damit ist ein Ziel erreicht worden, das der Verfasser seit

---
[1]) Die Ausbildung der Überfälle beim Abfluß von Wasser über Wehre nebst Beschreibung der Anlage zur Beobachtung von Überfällen im Flußbaulaboratorium zu Karlsruhe, Festschrift der Technischen Hochschule 1909.

langem verfolgt hat: die Schaffung einer Versuchsanstalt, die allen Anforderungen des Unterrichtes, der Forschung und der Bauprüfung zu genügen in der Lage ist.

Möge die neue Anstalt die auf sie gesetzten Hoffnungen erfüllen und dazu beitragen, die Rätsel zu lösen, die das Wasser bei seinem Abfluß in unendlicher Mannigfaltigkeit dem Ingenieur stets von neuem stellt. Mit diesem Wunsche sollen die Arbeiten in der neuen Versuchsanstalt begonnen werden.

Beim Verlassen des alten Flußbaulaboratoriums gedenkt der Verfasser gern und dankbar seiner zahlreichen Mitarbeiter, die ihn mit ernstem wissenschaftlichen Streben, mit Ausdauer und Geduld bei der mühsamen Forschungsarbeit unterstützten, ihn auf manche noch unbekannte Erscheinungen des Wasserabflusses aufmerksam machten, und von denen manche Anregung ausgegangen ist, die in späteren Arbeiten verwertet werden konnte.

Von den früheren Assistenten hat der jetzige Professor Fr. Mahn in Lübeck bei der Einrichtung und den ersten Versuchen des alten Flußbaulaboratoriums erfolgreich mitgewirkt. Von den späteren Assistenten sind die Dr.-Ingenieure Emil Köhler, der später in türkische Dienste trat, Ordulf Aichel, der z. Z. in Chile tätig ist, Ernst Kramer, der im Weltkriege fiel, Alfred Buntru, der als Regierungsbaumeister z. Z. am Lehrstuhl für Städtebau als Assistent beschäftigt ist, und der jetzige Betriebsleiter des Flußbaulaboratoriums Paul Böß, mit eigenen, wertvollen Forschungsarbeiten aus dem Karlsruher Flußbaulaboratorium hervorgetreten.

Als letzte, im alten Laboratorium beendete Arbeit wird nachstehend ein Aufsatz der Öffentlichkeit übergeben, der den „Brückenstau beim rein strömenden Durchfluß" behandelt. Diese Arbeit faßt einen Teil der Untersuchungen zusammen, die in den letzten Jahren der viel umstrittenen Frage des Brückenstaues gewidmet wurden. Sie enthält ein der Natur abgelauschtes einfaches Verfahren zur Bestimmung der Größe des durch Pfeilereinbauten in einem Wasserlauf bei rein strömendem Durchfluß hervorgerufenen Staues.

VERFAHREN ZUR BESTIMMUNG DES BRÜCKENSTAUES BEI REIN STRÖMENDEM WASSERDURCHFLUSS.

Untersuchungen aus dem Flußbaulaboratorium der Technischen Hochschule zu Karlsruhe.

Von Th. Rehbock, Karlsruhe i. B.

Alle seitherigen Versuche, die Größe des Brückenstaues allgemein rein theoretisch zu bestimmen, haben zu einem negativen Ergebnis führen müssen, da der Stau, der durch stehende Einbauten in einem Wasserlauf erzeugt wird, in den meisten Fällen nur durch Reibungsarbeit im Wasser entsteht, deren streng mathematische Erfassung bei den verwickelten und noch ungeklärten Abflußerscheinungen der Flüssigkeiten bis jetzt unmöglich ist und wohl auch in der Zukunft nicht voll gelingen wird. Auch die von den Wasserbauverwaltungen zur Bestimmung der Größe des Brückenstaues meist verwandten Formeln von Rühlmann und d'Aubuisson ergeben vollständig falsche Stauhöhen, die den wahren Wert meist um ein Mehrfaches übertreffen.

Um das Problem des Brückenstaues zu klären, hat der Verfasser den Weg des Modellversuches beschritten. Durch Beobachtung des Wasserabflusses unter der Wirkung einer wechselnden Anzahl von Brückeneinbauten verschiedenster Gestalt in Modellwasserläufen sollte Klarheit über die äußerst mannigfaltigen auftretenden Erscheinungen gewonnen werden. Die zu diesem Zweck im alten Flußbaulaboratorium der Karlsruher Technischen Hochschule mit Unterstützung durch die Jubiläumsstiftung der deutschen Industrie durchgeführten Modellversuche haben sich auf über 100 Pfeilerformen erstreckt und einen Zeitaufwand von mehreren Jahren erfordert, da sie eine große Genauigkeit der Versuchseinrichtungen und der Messungen nötig machten. Der erste Assistent und Betriebsleiter des Karlsruher Flußbaulaboratoriums Dr.-Ing. Böß hat die Modellversuche mit der größten Gewissenhaftigkeit und Schärfe durchgeführt. Er hat dadurch die Grundlagen geschaffen, die es ermöglichten, die beim Brückenstau auftretenden Erscheinungen wenigstens einigermaßen zu klären. Für den bei weitem am häufigsten vorkommenden Fall, daß das Wasser im ungestauten Wasserlauf rein strömend, d. h. mit weniger als Wellengeschwindigkeit abfließt und auch beim Durchfluß durch die Öffnungen zwischen den Einbauten an keiner Stelle die Wellengeschwindigkeit erreicht, sind die Untersuchungen für ein im Querschnitt rechteckig gestaltetes Flußbett von beliebiger Breite B und beliebiger Wassertiefe t_0 beim Abfluß einer beliebigen Wassermenge Q zum Abschluß gelangt. Aus ihnen konnte ein allgemeines Verfahren zur Bestimmung der Stauhöhe beim Einbau einer beliebigen Anzahl von Pfeilern verschiedenen, aber mit der Höhe nicht wechselnden Querschnittes abgeleitet werden, dessen Besprechung weiterhin erfolgen soll. Obschon die Untersuchungen der Einheitlichkeit und Zeitersparnis halber fast durchweg in einem rechteckigen Flußbett und mit Pfeilern von in allen Höhen gleichem Querschnitt angestellt wurden, wird sich das Ergebnis auch auf andere Querschnittsformen des Bettes und auf Pfeiler mit wechselnden wagerechten Querschnitten durch sinngemäße Verwandlung der unregelmäßigen Querschnittsgrößen in rechteckige näherungsweise übertragen lassen.

Bei den weiteren Ausführungen muß mit Rücksicht auf den zur Verfügung stehenden Raum auf die folgenden den Brückenstau behandelnden früheren Aufsätze des Verfassers hingewiesen werden, die weiterhin mit den eingeklammerten Zahlenbezeichnungen angeführt werden sollen:

1. „Betrachtungen über Abfluß, Stau und Walzenbildung bei fließenden Gewässern und ihre Verwertung für die Ausbildung des Überfalles bei der Untertunnelung der Sihl durch die linksufrige Seebahn in der Stadt Zürich." Festschrift der Technischen Hochschule zu Karlsruhe 1917[1]). [1].
2. „Zur Frage des Brückenstaues." Aufsatz im Zentralblatt der Bauverwaltung 1919[2]). [2]
3. „Brückenstau und Walzenbildung." Aufsatz im „Bauingenieur" 1921[3]). [3]

Von grundlegender Bedeutung für die Berechnung der Stauhöhe ist zunächst die Kenntnis der Abflußart des Wassers im Bett ohne Einbauten und eine Festlegung darüber, ob die Fließart des Wassers sich infolge der Einbauten ändert. Denn die Art und die Ursachen der Staubildung sind bei verschiedenen Abflußarten des Wassers im freien und in dem durch die Einbauten gestauten Bett wesentlich verschieden, wie in der Festschrift [1] in den Abb. 11 bis 18 gezeigt wurde.

Bei den großen Strömen, bei denen die Bestimmung der Größe des Brückenstaues von besonderer Bedeutung ist, herrscht meist der **rein strömende Abfluß**, d. h.: das Wasser erreicht an keiner Stelle des Querschnittes die Wellengeschwindigkeit $w = \sqrt{g\, t_0}$.

In den meisten Fällen liegt die Abflußgeschwindigkeit in dem von Einbauten freien Bett so weit unter der Wellengeschwindigkeit, daß eine das übliche Maß überschreitende Ein-

---
[1]) Berlin, Verlag von Julius Springer.
[2]) Nr. 37.
[3]) Heft 13.

engung des Querschnittes durch Einbauten erforderlich sein würde, um die Wassergeschwindigkeit beim Durchfluß durch die Öffnungen zwischen den Einbauten bis zur Wellengeschwindigkeit zu steigern. Die Bedingungen, unter denen dieser Fließwechsel eintritt, sind zahlreiche Pfeilerformen bereits bestimmt und für schlank zugespitzte Einbauten, wie sie im Brückenbau meist Verwendung finden, im Aufsatz [2] veröffentlicht worden.

Bei den neuzeitlichen Brücken und auch bei den beweglichen Wehren haben die Pfeilereinbauten gewöhnlich eine zu den Durchflußweiten der einzelnen Öffnungen b so geringe Breite d, daß ein Fließwechsel des Wassers vom „Strömen" zum „Schießen" nicht vorkommt. Das für den rein strömenden Durchfluß abgeleitete Verfahren wird daher in der überwiegenden Mehrzahl aller praktisch vorkommenden Fälle Anwendung finden können.

Bei diesem Verfahren handelt es sich um die Aufgabe, die **Stauhöhe** z_1 in m bei rein strömendem Durchfluß in einem rechteckigen Bett beim Einbau einer beliebigen Anzahl von Pfeilern beliebiger Querschnittsgestalt zu bestimmen, wenn gegeben sind:

1. die abfließende Wassermenge . . . . . Q in cbm/sec
2. die Breite des Bettes . . . . B in m
3. die Wassertiefe im ungestauten Fluß . . t_0 in m
4. die Anzahl der Pfeiler . . . . n
5. die Pfeilerstärken . . . . d in m
6. die wagerechte Querschnittsform der Pfeiler, festgelegt durch den noch zu erläuternden Grenz-Formwert . . . . . δ_0
7. die Rauhigkeit der Pfeileroberflächen.

Die Rauhigkeit der Pfeileroberfläche kann im allgemeinen bei der Bestimmung der Stauhöhe vernachlässigt werden, da besondere Versuchsreihen ergeben haben, daß sie nur einen ganz unbedeutenden Einfluß auf die Stauhöhe ausübt, der sich in den meisten Fällen der sicheren Festlegung entzieht. Das weiter besprochene Berechnungsverfahren gilt für Pfeilereinbauten der üblichen mittleren Rauhigkeit. Bei sehr rauhen Einbauten ist ein kleiner Zuschlag zur berechneten Stauhöhe zu machen, der aber keinesfalls einige Hundertstel übersteigt, während für ganz glatte Einbauten — etwa Betonpfeiler mit Glattstrich — eine Verminderung um gleichfalls höchstens wenige Hundertstel erforderlich wird.

Die Rauhigkeit des Bettes des Wasserlaufes übt auf die zu berechnende Stauhöhe keinen unmittelbaren Einfluß aus. Im ungestauten Flußbett ist sie, ebenso wie das Gefälle des Flußbettes und die Bettgestalt unterhalb der Einbauten in der Wassertiefe t_0 des ungestauten Wasserlaufes an der Staustelle schon berücksichtigt.

Ist die Wassertiefe t_0 — etwa beim besonders wichtigen Höchstwasserabfluß — durch Messung nicht bestimmbar, so muß sie mit Hilfe der üblichen Rechnungsverfahren für die Ermittlung der Wasserspiegellage bei ungleichförmigem Wasserabfluß festgelegt werden, wozu die Gestalt des Flußbettes unterhalb der Einbauten, sein Gefälle und die Rauhigkeit der Wandungen des Bettes bekannt sein müssen.

Für die Berechnung der Stauhöhe einer Brücke genügen die folgenden weiterhin erklärten vier Werte:

a) die Geschwindigkeitshöhe des ungestauten Wasserlaufes . . . . k_0
b) die Verbauung . . . . α
c) das Fließverhältnis des ungestauten Wasserlaufes ω
d) der Grenz-Formwert der Pfeilereinbauten . . . . δ_0

Die Geschwindigkeitshöhe k_0 ist ein Längenmaß. Die Werte α, ω und δ_0 sind dagegen Verhältniszahlen, von denen die Werte α und ω aus den unter 1 bis 5 genannten Werten abgeleitet werden können, der Wert δ_0 aber dem wagerechten Querschnitt der Pfeiler eigentümlich ist und durch Versuche am Modell festgelegt werden muß.

Die Bestimmung der unter a) bis d) genannten Werte erfolgt in der folgenden Weise:

a) Die **Geschwindigkeitshöhe** k_0 der mittleren Geschwindigkeit $u = \dfrac{Q}{B t_0}$ des ungestauten Wasserlaufes berechnet sich in der bekannten Weise zu:

$$k_0 = \frac{u^2}{2g}.$$

b) Die **Verbauung** α legt das Verhältnis des durch die Einbauten ausgefüllten Teiles des benetzten Querschnittes des ungestauten Flusses zum Gesamtquerschnitt F des unverbauten Flusses fest. Bei einem rechteckigen Querschnitt von der Tiefe t_0 kann gesetzt werden:

$$\alpha = \frac{f}{F} = \frac{\Sigma(d\, t_0)}{B\, t_0} = \frac{\Sigma(d)}{B}.$$

Die Verbauung ist neben der Geschwindigkeitshöhe der für die Bestimmung der Stauhöhe wichtigste Faktor, da die Stauhöhe bei rein strömendem Durchfluß näherungsweise proportional zur Geschwindigkeitshöhe und zur Verbauung anwächst.

c) Das **Fließverhältnis** ω ist ein die Eigenschaften eines Wasserlaufes charakterisierender Zahlenwert. Er ergibt sich durch Division der Geschwindigkeitshöhe der mittleren Geschwindigkeit im unverbauten Fluß k_0 durch dessen Tiefe t_0.

Das Fließverhältnis $\omega = k_0 : t_0$ übt im allgemeinen auf die Stauhöhe eine nicht allzu beträchtliche Wirkung aus. Die Versuche haben gezeigt, daß bei den gleichen Einbauten, bei gleicher Geschwindigkeitshöhe und bei gleicher Verbauung die Stauhöhe bei wachsendem Fließverhältnis schwach, und zwar innerhalb der gewöhnlich vorliegenden Grenzen der Verbauung von $\alpha = 0{,}06$ bis $\alpha = 0{,}36$ etwa proportional dem Wert $(1 + 2\omega)$ anwächst.

d) Der **Grenzformwert** δ_0 ist ein Zahlenwert, durch den der Einfluß der geometrischen Gestalt der Pfeiler auf die Stauhöhe zum Ausdruck gebracht werden soll. Denn die Stauhöhe ist auch bei einer gegebenen Verbauung, d. h. bei einem bestimmten Verhältnis der gesamten größten Breite aller Einbauten zur Breite des ganzen Wasserstromes keineswegs für alle Pfeilerformen konstant. Sie schwankt vielmehr in weiten Grenzen, wobei namentlich die Form des Oberhauptes und die Form des Unterhauptes, in geringerem Maß aber auch die Rumpflänge der Pfeiler die Stauhöhe beeinflussen.

Die Gestalt des **Oberhauptes** der Pfeiler wirkt auf die Höhe des Staues hauptsächlich in der Weise ein, daß sie die Größe der kleinsten für den Wasserdurchfluß nutzbaren Querschnittsbreite der einzelnen Durchflußöffnungen bedingt, die nicht immer dem Abstand der die Öffnung begrenzenden Pfeiler oder Widerlager entspricht. Bei gut abgerundeten oder zugespitzten Oberhäuptern ist dies allerdings der Fall, da bei solchen der Wasserstrom an den Pfeilern angeschmiegt bleibt und den ganzen Raum von Pfeiler zu Pfeiler ausfüllt. Gehen aber die parallelen Wände des Pfeilerrumpfes schroff, d. h. entweder mit einem scharfen Knick oder durch Vermittlung einer gekrümmten Fläche von sehr kleinem Krümmungshalbmesser in das Pfeilerhaupt über, so trennt sich an der Knickkante oder an der scharf gekrümmten Übergangsfläche der Wasserstrom infolge seines Beharrungsvermögens von den Wandungen des Pfeilers, und es entstehen zwischen dem Wasserstrom und den Pfeilern Räume, die für die Wasserableitung ungenutzt bleiben. Diese Räume sind zwar auch mit Wasser angefüllt. Das Wasser in ihnen nimmt aber nicht wesentlich am Abflußvorgang teil, sondern bewegt sich in der Hauptsache in geschlossenen Ringbahnen, indem es Wasserwalzen bildet, in denen die Fließrichtung zum Teil sogar stromaufwärts gerichtet ist.

Die infolge der Ablenkung des Wasserstromes von den Pfeilern neben dem Pfeilerrumpf entstehenden „Seitenwalzen" gehen häufig in Fließwirbel über, die ihre Lage nicht beibehalten, sondern sich langsam stromabwärts bewegen. Aber auch in diesem Fall ist die Wasserableitung in den Räumen zwischen den Pfeilern und dem eigentlichen Wasserstrom so gering, daß sie bei Bestimmung des für den Abfluß nutzbaren

Querschnittes, ebenso wie die durch die Einbauten selbst ausgefüllten Querschnittsteile des ungestauten Wasserlaufes, unbedenklich ausgeschaltet werden können.

Bei Bestimmung der nutzbaren Abflußbreite zwischen zwei benachbarten Pfeilern können die mit Wasserwalzen und Fließwirbeln ausgefüllten Räume als Teile der Pfeiler aufgefaßt werden. Auf den Energiehaushalt der Wasserläufe wirken sie aber noch stärker ein als feste Einbauten von der gleichen Größe, indem die Walzen erhebliche Mengen von Energie verbrauchen, d. h. in Wärme umsetzen, Energie, die sie nur dem Wasserstrom zu entnehmen vermögen.

Die Wirkung der Walzen besteht demnach zunächst darin, daß sie — wie die festen Einbauten selbst — den Abflußquerschnitt einengen, wodurch eine verstärkte Senkung des Wasserspiegels in den Durchflußöffnungen, eine Vergrößerung der Abflußgeschwindigkeiten und vermehrte Reibungsarbeit im Wasserstrom entstehen. Die letztere macht sich in einem verstärkten Oberflächengefälle auf der eingeengten Flußstrecke und in der Hebung des Wasserspiegels oberhalb der Einbauten, d. h. durch Vergrößerung des Staues bemerkbar. Das Oberflächengefälle des Wasserspiegels auf der Flußstrecke, in der Walzen auftreten, wird aber noch weiter durch den Energieverbrauch der Wasserwalzen vergrößert, der erheblich stärker ist, als der durch die Reibung an festen Wandungen entstehende. Auch hierdurch wird der auftretende Stau vergrößert.

Die durch scharfe Übergänge zwischen den Begrenzungen des Oberhauptes und des Pfeilerrumpfes hervorgerufenen Wasserwalzen und Fließwirbel lassen sich bei den Modellversuchen durch Bestäubung der Wasseroberfläche kenntlich machen und photographisch festlegen, wie dies aus den Abb. 7—10 der Tafelbeilage zum Aufsatz [3] hervorgeht. Sie erreichen bei rechteckigen Pfeilern ihre größte Breitenerstreckung, die bis zur halben Pfeilerbreite anwächst, so daß der dem Wasserabfluß durch einen rechteckigen Pfeiler und die beiderseitigen Seitenwalzen entzogene Raum etwa die doppelte Breite des Pfeilers selbst besitzt. Die durch die Wirkung der oberen Begrenzung der Pfeiler hervorgerufene Staubildung ist in diesem Fall beträchtlich. Je vollkommener die Bildung von Seitenwalzen durch gute Abrundung bzw. Zuschärfung des Oberhauptes der Pfeiler vermieden wird, desto geringer ist der durch die Wirkung des Oberhauptes erzeugte Stau. Schon bei einem halbkreiszylindrischen Oberhaupt besitzen die Seitenwalzen nur etwa die Hälfte der Breite der bei rechteckigen Pfeilern auftretenden Walzen, wobei die Stauwirkung auf etwa 37 vH der bei einem rechteckigen Pfeilerkopf beobachteten zurückgeht. Bei durch Kreisbögen mit Halbmessern von der doppelten Pfeilerbreite zugespitzten Pfeilern fehlen die Seitenwalzen ganz. Die Stauwirkung nimmt in diesem Fall auf 28 vH der bei rechteckigen Pfeilern auftretenden ab.

Auch das **Unterhaupt** der Pfeiler nimmt bei rein strömendem Durchfluß des Wassers an der Staubildung teil. Denn die durch den Energieverbrauch am Unterhaupt erzeugte Hebung der Energielinie setzt sich stromaufwärts bis weit über das obere Pfeilerende fort und bedingt bei dem auch hier herrschenden strömenden Abfluß eine Hebung des Wasserspiegels, die um so größer ist, je mehr Energie durch innere Arbeit des Wassers am Unterhaupt verzehrt wird.

Auch am Unterhaupt wird der Energieverbrauch hauptsächlich durch Wasserwalzen verursacht, die als Unterwalzen unterhalb der Pfeiler entstehen.

Die Unterwalzen bilden sich nicht symmetrisch zur Pfeilerachse, sondern abwechselnd an der einen und nach einiger Zeit an der anderen Pfeilerhälfte, wobei der Wasserspiegel in Schwankungen gerät. Diese Walzen wandern langsam stromabwärts und erzeugen bei ihrem Verschwinden einen pendelnden Wasserstrom, der sich noch bis weit unterhalb der Pfeiler verfolgen läßt. Die Walzen gehen demnach schon bald nach ihrem Auftreten in Fließwirbel über, die auch nicht von langer Dauer sind. Die Form dieser Unterwalzen und der aus ihnen entstehenden Fließwirbel geht aus den Abb. 1—9 sowie 11 u. 12 auf der Tafelbeilage zu Aufsatz [3] hervor.

Die Unterwalzen verschwinden auch bei stromabwärts sehr schlank zugespitzten Pfeilern nicht vollständig. Sie erreichen bei rechteckig begrenzten Pfeilern fast die volle Breite der Pfeiler selbst.

Die hauptsächlich durch die Unterwalzen erzeugte Stauwirkung des Unterhauptes ist beträchtlich und kann diejenige des Oberhauptes übertreffen.

Auch der **Pfeilerrumpf** hat Einfluß auf die Staubildung, indem bei gleicher Ausbildung der Pfeilerhäupter die Stauhöhe sich mit der Länge des Pfeilerrumpfes ändert. Die geringste Stauhöhe wird bei ungeänderter Form der Häupter beobachtet, wenn die gesamte Pfeilerlänge das 3- bis 5-fache der Pfeilerbreite beträgt. Sowohl eine Verkürzung als auch eine Verlängerung des Pfeilerrumpfes gegenüber diesem Maß vergrößert den Stau. Die Verkürzung der Pfeiler ruft namentlich bei denjenigen Oberhäuptern, die Seitenwalzen erzeugen, eine starke Stauvermehrung hervor, die wohl darauf zurückzuführen ist, daß sich die Seiten- und Unterwalzen vereinigen und dann besonders große Energiemengen verzehren.

Die Stauvermehrung bei starker Verlängerung des Pfeilerrumpfes erklärt sich dagegen aus der Vergrößerung der Strecke, auf der das Oberflächengefälle infolge des eingeschränkten Durchflußquerschnittes vergrößert wird.

Bei den kurz berührten vielfachen und äußerst verwickelten Ursachen der Staubildung infolge des Einbaues von Pfeilern beim rein strömenden Durchfluß muß jeder Versuch, die Einwirkung der Querschnittsgestalt der Pfeiler auf die Stauhöhe rein rechnerisch zu bestimmen, als aussichtslos erscheinen. Denn der Stau wird bei rein strömendem Durchfluß durch die Reibungsarbeit des Wassers erzeugt, die hauptsächlich in den Wasserwalzen zur Geltung kommt, deren Erforschung noch in den ersten Anfängen steht. Wir sind heute noch nicht einmal imstande, zu bestimmen, unter welchen Voraussetzungen diese Wasserwalzen entstehen, welche Größe sie besitzen und wie sich in ihnen die Energievernichtung vollzieht. Darüber müßten wir uns aber vor allem ein klares Bild machen können, wenn wir daran denken wollen, auch die feineren Arbeitsvorgänge in den Walzen zu verstehen und ihren Energieverbrauch zahlenmäßig festzulegen. Da die theoretische Lösung des in Frage stehenden Problems demnach aussichtslos erscheint, die Beobachtung bei ausgeführten Brücken aber auf ganz außerordentliche Schwierigkeiten stößt und bei der Unmöglichkeit, die Einbauten beliebig zu entfernen und wieder in den Wasserstrom einzusetzen, zu einem Ziele nicht führen kann, blieb für die Erforschung des Brückenstauproblems und namentlich für die Festlegung des Einflusses der Querschnittsform der Pfeiler auf die Stauhöhe nur der Weg des Modellversuches gangbar.

Um bei diesen Versuchen trotz der zahlreichen in Betracht zu ziehenden veränderlichen Werte zu einem praktischen Ergebnis zu gelangen, wurde zunächst das ganze Stauproblem nur für eine einzig beliebig gewählte Pfeilerform, die als „Normpfeiler" bezeichnet wurde, untersucht, indem für diese Pfeilerform eine Stauformel abgeleitet wurde, die es ermöglicht, die Stauhöhe z_0 aus der Geschwindigkeitshöhe k_0 des ungestauten Wasserstromes, aus der vorliegenden Verbauung α und aus dem Fließverhältnis ω des ungestauten Wasserstromes zu bestimmen.

Alsdann wurde versucht, die für den Normpfeiler abgeleitete Formel durch Multiplikation mit einem jedem einzelnen anderen Pfeilerquerschnitt eigentümlichen, durch Versuche ermittelten **Formwert** auch für andere Pfeilerformen verwendbar zu machen.

Diese Feststellungen wurden dadurch erschwert, daß — wie die Versuche zeigten — die Formwerte nicht lediglich von der Querschnittsgestalt der Pfeiler abhängen und somit für jede Pfeilerform eine konstante Größe besitzen, sondern sich mit der Größe der Verbauung ändern. Sie sind aber, wie gleichfalls aus den Versuchen hervorging, innerhalb der bei den Beobachtungen erreichbaren Genauigkeitsgrenzen unabhängig von der Größe der Geschwindigkeitshöhe k_0 und des Fließverhältnisses ω.

Als **Normpfeiler** wurde ein im wagerechten Querschnitt linsenförmiger Pfeiler gewählt, dessen Länge $20/3$ der Breite beträgt, da diese Pfeilerform, die von zwei Kreiszylinderflächen begrenzt wird, sich auf der Drehbank mit jeder gewünschten Genauigkeit anfertigen läßt.

Als Material für die Normpfeiler wurde polierter Stahl gewählt, während die übrigen untersuchten Pfeiler und ein zweiter Satz von Normpfeilern aus sauber geglättetem und geöltem Pitchpineholz hergestellt wurden, wobei sich fast genau die hydraulische Glätte der Stahlpfeiler erzielen ließ. Unter der Annahme einer Pfeilerbreite von 3 m und einer Länge von 20 m betrug der Modellmaßstab 1 : 100, da den Pfeilern eine Breite von 3 cm und eine Länge von 20 cm gegeben wurde. Dabei waren die Begrenzungen der Kreiszylinderflächen der Normpfeiler nach einem Krümmungshalbmesser von 34,08 cm gekrümmt. Von den stählernen Normpfeilern wurden im ganzen 10 Stück hergestellt, um durch Einbau einer wechselnden Zahl von Pfeilern möglichst viele Verbauungen und auch solche von beträchtlicher Größe erzielen zu können. Als Versuchsrinne kam meist ein mit größter Genauigkeit geradlinig hergestellter Modellkanal von 40 cm Breite (entsprechend 40 m in der Natur) zur Anwendung. in dem sich ein völlig stetiger Wasserabfluß herstellen ließ.

Auf Grund von 131 verschiedenen Versuchen mit Normpfeilern für den rein strömenden Durchfluß wurde für diese Pfeilerart die Stauhöhe z_0 zu:

$$z_0 = (0{,}4\,\alpha + \alpha^2 + 9\,\alpha^4)(1 + 2\,\omega)\,k_0 \quad\ldots\ldots\quad (1$$

ermittelt.

Die Bestimmung der Stauhöhe bei rein strömendem Durchfluß für andere Pfeilerformen erfolgt dann mit Formel:

$$z_I = \delta_I\,z_0 = \delta_I\,(0{,}4\,\alpha + \alpha^2 + 9\,\alpha^4)(1 + 2\,\omega)\,k_0 \quad\ldots\quad (2$$

Der Formwert δ_I wurde auf Grund der graphischen Auftragung der Formwerte bei verschiedenen Verbauungen zwischen $\alpha = 0{,}06$ und $\alpha = 0{,}36$ bei allen Pfeilerformen zu:

$$\delta_I = \delta_0 - \alpha\,(\delta_0 - 1) \quad\ldots\ldots\ldots\quad (3$$

gefunden, so daß sich die Größe der Stauhöhe innerhalb der angegebenen Verbauungen ganz allgemein zu:

$$\boxed{z_I = [\delta_0 - \alpha\,(\delta_0 - 1)]\,(0{,}4\,\alpha + \alpha^2 + 9\,\alpha^4)(1 + 2\,\omega)\,k_0} \quad\ldots\quad (4$$

berechnet.

Dabei ist δ_0 für jede Pfeilerform ein Festwert und, zwar derjenige Formwert, der sich für den untersuchten Pfeilerquerschnitt als Grenzwert für die Grenzverbauung $\alpha = 0$ ergeben würde. Dieser ideale Wert wurde mit dem Namen **Grenz-Formwert** bezeichnet. Bei dem im Gebiet der üblichen Verbauungen zwischen $\alpha = 0{,}06$ und $\alpha = 0{,}36$ nahezu geradlinigen Verlauf der in ihrer Abhängigkeit von der Verbauung α aufgetragenen δ_I-Linien, die ein Strahlenbüschel bilden, das für $\alpha = 1{,}0$ die Polhöhe $\delta_I = 1{,}0$ besitzt, läßt sich der Grenz-Formwert δ_0 für jeden Wert von δ_I mit Formel (3) leicht berechnen, da $\delta_0 = \dfrac{\delta_I - \alpha}{1 - \alpha}$.

Es würde daher schon die Bestimmung des Wertes δ_I für eine einzige beliebige Verbauung α zur Festlegung des Wertes δ_0 für die gerade untersuchte Pfeilerform genügt haben. Um sicher zu gehen, wurden aber stets die Formwerte für wenigstens 2 verschiedene Verbauungen, und zwar gewöhnlich für $\alpha = 0{,}15$ (2 Pfeiler) und für $\alpha = 0{,}30$ (4 Pfeiler) bestimmt, so daß sich der Grenzformwert als Mittelwert aus zwei Beobachtungen berechnen ließ.

Das angegebene Näherungsverfahren hat den Vorteil, daß nicht für jede einzelne Pfeilerform eine genaue Untersuchung für wechselnde Werte von k_0, ω und α erforderlich war, wie sie mit einem sehr bedeutenden Zeitaufwand für drei besonders bemerkenswerte und erheblich voneinander abweichende Pfeilerformen, und zwar für die Querschnittsformen „K", „F" und „A" (siehe Tafel III) durchgeführt wurde.

Vielfache Überprüfungen haben gezeigt, daß das besprochene Näherungsverfahren innerhalb der genannten Verbauungsgrenzen durchaus befriedigende Werte liefert.

Das Ergebnis der ausgeführten Bestimmungen der Grenzformwerte δ_0 für die zahlreichen auf den Tafeln III bis V dargestellten verschiedenen Pfeilerquerschnitte ist bei den einzelnen Querschnitten in rechteckigen Rahmen □ vermerkt worden. Dabei wurden die ermittelten δ_0-Werte bezogen auf den δ_0-Wert 1,0 des Normpfeilers als Einheit zum übersichtlichen Vergleich auch als lotrechte dreilinige Balken in die zugehörigen Pfeilerquerschnitte eingezeichnet.

Alle untersuchten Pfeilerquerschnitte erhielten im Modell die gleiche Breite von 3 cm. Nur für einzelne Pfeilerformen wurde diese Breite auf 0,375, 0,75, 1,5, 6 und 12 cm abgeändert, um die Gültigkeit des Ähnlichkeitsgesetzes und damit die Übertragbarkeit des Ergebnisses der Modellversuche auf die größeren Verhältnisse der Wirklichkeit festzustellen; eine Untersuchung, die zu einem durchaus befriedigenden Ergebnis führte. (Tabelle im Aufsatz [3]).

Die Pfeilerlänge wurde in den meisten Fällen ebenfalls gleichmäßig zu 20 cm gewählt, um den Einfluß der Gestalt der Pfeilerhäupter auf die Größe des Grenz-Formwertes und damit auf die Größe des Staues in voller Schärfe hervortreten zu lassen. In zahlreichen Fällen wurde aber außerdem auch die Pfeilerlänge bei gleichbleibender Breite variiert, um dadurch den Einfluß der Kopf- bzw. der Rumpflängen der Pfeiler auf die Stauhöhe festzulegen.

Ganz allgemein gültige Formeln lassen sich für die δ_0-Werte nicht aufstellen, da die Pfeilerquerschnitte hierfür eine zu mannigfaltige und von zu vielen veränderlichen Einzelwerten abhängige Form aufweisen. Für einzelne Pfeilergruppen war es aber möglich, genügend genaue und einfache Formeln zur Bestimmung des Grenzformwertes δ_0 abzuleiten.

Auf **Tafel III** sind diese Formeln für abgeschrägte, abgerundete, rautenförmige, linsenförmige und elliptische Pfeilerquerschnitte sowie für Pfeiler mit keilförmigen, halblinsenförmigen und elliptischen Köpfen angegeben. Die δ_0-Werte wurden dabei in allen Fällen als Funktionen der Kopflängenziffer ε (dem Verhältnis der Kopflänge l_k zur Pfeilerstärke d) ausgedrückt.

Auf **Tafel IV** sind in ähnlicher Weise Formeln für 10 verschiedene Pfeilergruppen angegeben, bei denen für die gleiche Form der Köpfe die Länge des Rumpfes verschieden gewählt wurde, um den Einfluß der Pfeilerlänge auf die Stauhöhe festzulegen. Bei diesen Gruppen wurde der Grenzformwert δ_0 als Funktion der Pfeilerlängenziffer λ — dem Verhältnis der gesamten Pfeilerlänge (einschließlich der Häupter) l zur Pfeilerstärke d — ausgedrückt. Bei einzelnen der Gruppen mußte dabei wegen der Unstetigkeit im Verlauf der δ_0-Linien eine Zerlegung in zwei Untergruppen erfolgen, um mit einfachen Formeln eine genügende Genauigkeit zu erreichen.

Bei Pfeilerformen, für die keine Formeln abgeleitet wurden, ist es leicht möglich, durch Interpolation und kritische Schlüsse aus verwandten Pfeilerformen den richtigen δ_0-Wert mit genügender Annäherung zu ermitteln, wozu die zahlreichen untersuchten Pfeilerformen einen ausreichenden Anhalt bieten.

Schon auf Tafel III sind die Grenzformwerte δ_0 für einzelne unsymmetrische Querschnittsformen angegeben worden, bei denen besonders auffällt, daß der fischförmige Pfeiler Y einen geringeren δ_0-Wert besitzt und daher weniger Stau erzeugt, wenn der breite Kopf stromaufwärts gerichtet ist, was sich aus dem in diesem Fall wesentlich schwächeren Energieverbrauch der Unterwalzen erklärt.

Auf **Tafel V** sind die δ_0-Werte für eine größere Zahl von unsymmetrischen Pfeilern von durchweg gleicher Länge und gleicher Breite zusammengestellt worden. Die für diese unsymmetrischen Pfeilerformen ermittelten δ_0-Werte haben es ermöglicht, eine getrennte Bestimmung des Staues der oberen und der unteren Pfeilerhälfte bei den einzelnen Querschnittsformen durchzuführen.

Die mit größter Schärfe vorgenommenen Beobachtungen haben gezeigt, daß bei den untersuchten Pfeilern vom Längenverhältnis 20 : 3 eine nennenswerte gegenseitige Beeinflussung der Stauwirkung der beiden Pfeilerhälften nicht eintritt, so daß es möglich ist, die Stauwirkung eines unsymmetrischen Pfeilers aus der bekannten Stauwirkung der den Pfeiler bildenden beiden Hälften durch einfache Addition zu bestimmen. Der Vergleich der bei den einzelnen Pfeilerhälften festgestellten Stauwirkungen ist besonders lehrreich, da er wertvolle Schlüsse auf die Ursachen der Staubildung zuläßt. Der verfügbare Raum verbietet es, im einzelnen näher auf die Abhängigkeit zwischen Stauhöhe und Pfeilerform einzugehen.

Nach Bestimmung des δ_0-Wertes ist es in allen Fällen möglich, mit Hilfe der Formel (4) die Stauhöhe z_I aus dem ermittelten Wert von δ_0, sowie aus den Werten k_0, α und ω festzulegen, wobei allerdings immer genau darauf zu achten ist, daß der Durchfluß des Wassers durch die Einbauten rein strömend erfolgt. Denn beim Übergang des Wassers vom Strömen zum Schießen treten ganz andere Ursachen der Staubildung in die Erscheinung und es nehmen daher auch die für die Stauberechnung zu verwendenden Formeln in diesem Falle eine andere Zusammensetzung an (Aufsatz [2], Formeln 6—10 und Aufsatz [3] Formeln 8, 11, 12 und 15).

Auf **Tafel VI** ist ein graphisches Verfahren abgeleitet, das die Bestimmung der Stauhöhen in bequemer Weise gestattet und auch Aufschluß darüber gibt, ob der untersuchte Fall noch in den Bereich des rein strömenden Durchflusses gehört.

Zur graphischen Ermittlung der Stauhöhen z_I beim rein strömenden Durchfluß nach Formel (4) handelt es sich um die graphische Multiplikation zweier aus je zwei Veränderlichen abgeleiteten Faktoren A und B, die in Formel (5) in große Klammern zusammengefaßt wurden:

$$z_I = A \cdot B = \{[\delta_0 - \alpha(\delta_0 - 1)][0,4\alpha + \alpha^2 + 9\alpha^4]\} \cdot \{(1 + 2\omega)k_0\} \quad (5$$

Wird in dieser Formel:

$$\omega = \frac{k_0}{t_0} \text{ und } k_0 = \frac{u^2}{2g} = \frac{Q^2}{2g B^2 t_0^2} = \frac{q^2}{2g \cdot 1 m^2 \cdot t_0^2}$$

gesetzt, wobei q die auf 1 m Bettbreite abfließende Wassermenge in cbm/sec bedeutet, so geht Formel (5) über in Formel:

$$z_I = \underbrace{\{[\delta_0 - \alpha(\delta_0 - 1)][0,4\alpha + \alpha^2 + 9\alpha^4]\}}_{A} \cdot \underbrace{\left\{\left[1 + \frac{q^2}{g\,t_0^3}\right]\frac{q^2}{2g\,t_0^2}\right\}}_{B} \quad (6$$

Die Größe des Faktors A läßt sich, wie in der Textabbildung näher erläutert ist, aus dem Tafelteil (I) (links oben) als Ordinate des Schnittpunkts P_I der Abszisse α und der δ_0-Linie bestimmen. Die Größe des Faktors B ergibt sich aus Tafelteil (II) (rechts unten) als Abszisse des Punktes P_{II}, des Schnittpunktes der Ordinate t_0 mit der q-Linie.

Die Wagerechte durch Punkt P_I und die Lotrechte durch Punkt P_{II} schneiden sich im Tafelteil (III) (rechts oben) im Punkte P_{III}. Dieser Punkt P_{III} gestattet die unmittelbare Ablesung der Stauhöhe z_I für den rein strömenden Durchfluß auf den Produktenlinien ([A·B]-Linie), die eine Schar gleichseitiger Hyperbeln bilden.

Die Werte A sind reine Zahlenwerte, da sowohl α als auch δ_0 unbenannte Zahlen sind. Sie ändern sich daher nicht, wenn der Modellmaßstab geändert wird.

Die Werte B sind Längenmaße, da die Abflußmengen q die Dimension $\frac{m^3}{sec \cdot m^1} = \frac{m^2}{sec}$, die Wassertiefe t_0 die Dimension m, die Erdbeschleunigung g aber die Dimension $\frac{m}{sec^2}$ besitzt.

Das Produkt von A und B ist ein Längenmaß, nämlich die Stauhöhe z_I.

Da die Stauhöhe proportional dem Wert B anwächst, kann bei kleinen Stauhöhen die Abgreifung des Wertes z_I dadurch verschärft werden, daß man den Maßstab um das n-fache vergrößert. Dazu muß der Wert t_0 mit n, der Wert q aber mit $n^{3/2}$ multipliziert werden, während dann die im Tafelteil (III) abgegriffene Stauhöhe z_I durch n zu dividieren ist.

Die Festsetzung der Grenzen, bis zu denen der rein strömende Durchfluß bei sich ändernden Verbauungen α und Fließverhältnissen ω bestehen bleibt, durch Versuche ist eine schwierige und zeitraubende Aufgabe. Da sie unmöglich für alle untersuchten Pfeilerformen durchgeführt werden konnte, erfolgte die genaue Bestimmung der Grenzen nur für 3 Pfeilerformen, die alle die Pfeilerlängenziffer λ = 20 : 3 besaßen.

Die untersuchten Pfeiler waren wieder:
1. der Normpfeiler . . . . „K",
2. der spitzbogenförmig zugespitzte Pfeiler . „F",
3. der rechteckige Pfeiler . . . . „A".

Die Bestimmung der Grenzen für den rein strömenden Durchfluß wurde in der Weise ausgeführt, daß für verschiedene Verbauungen α der Grenzwert des Fließverhältnisses ω_{Gr} be-

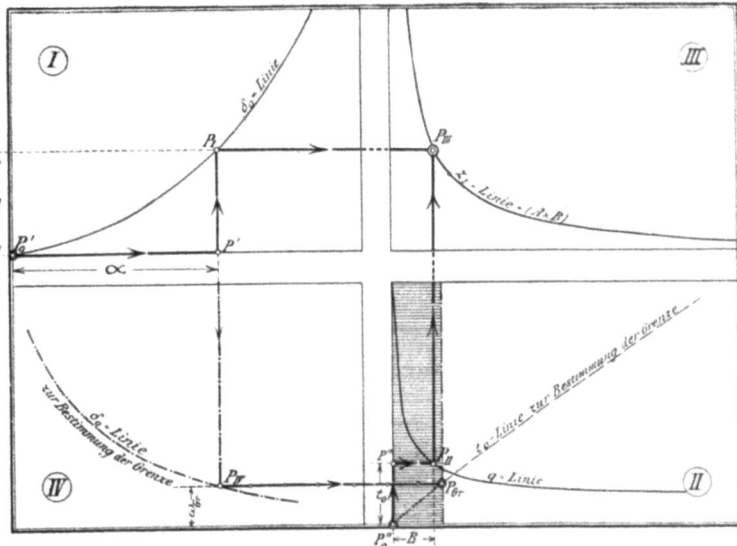

Anweisung zur Bestimmung der Stauhöhe z_I für beliebige Pfeilerformen bei rein strömenden Durchfluß mit Hilfe Tafel VI aus den Werten q, t_0, α und δ_0.

stimmt wurde, der im ungestauten Wasserlauf nicht überschritten werden darf, wenn nicht unter Bildung von Deckwalzen ein Teil des Wassers die Wellengeschwindigkeit überschreiten und zum Schießen übergehen soll.

Die so bestimmten Grenzfließverhältnisse wurden dann als Funktionen der Verbauung α aufgetragen. Aus den aufgezeichneten Linien wurden die folgenden Formeln abgeleitet:

Für die Pfeilerform „K":

$$\omega_{Gr} = \frac{1}{2,8 + 10\alpha} - 0,11 + \frac{1}{10000\alpha + 13} \quad \ldots \quad (7$$

Für die Pfeilerform „F":

$$\omega_{Gr} = \frac{1}{2,7 + 21\alpha} - 0,040 \quad \ldots \quad (8$$

Für die Pfeilerform „A":

$$\omega_{Gr} = \frac{1}{2,5 + 5\alpha} - 0,173 + \frac{1}{2000\alpha + 10,3} \quad \ldots \quad (9$$

Obschon die drei untersuchten Pfeilerformen sehr erheblich voneinander abweichen und infolgedessen auch stark voneinander verschiedene Grenzformwerte besitzen, unterscheiden sich die aus den Formeln (7) bis (9) berechneten Grenz-Fließverhältnisse für die gleichen Verbauungen nicht allzu sehr voneinander. Namentlich weichen die Grenz-Fließverhältnisse zwischen den Verbauungen $\alpha = 0{,}06$ und $\alpha = 0{,}36$, für die das abgeleitete Näherungsverfahren zur Bestimmung der Stauhöhen allein Anwendung finden soll, nur wenig voneinander ab. Es konnten daher aus ihnen die Grenz-Fließverhältnisse ω_{Gr} mit genügender Zuverlässigkeit auch für andere Pfeilerformen durch Interpolation abgeleitet werden.

Es wäre sogar ohne sehr erheblichen Fehler möglich, für alle praktisch vorkommenden Pfeilerformen, deren δ_0-Werte abgesehen von seltenen Ausnahmen zwischen 1,5 und 3,0 liegen und in der überwiegenden Mehrzahl aller Fälle nur zwischen 1,6 und 2,4 schwanken, bei gleichen Verbauungen auch mit den gleichen Grenz-Fließverhältnissen zu rechnen, wobei etwa die einfache Formel (8) zugrunde gelegt werden könnte.

Auch über die Grenze, bis zu denen der rein strömende Durchfluß auftritt und bis zu der daher die Berechnung der Stauhöhen z_1 mit den Formeln (4) bis (6), bzw. mit dem aus ihnen abgeleiteten graphischen Verfahren erfolgen kann, gibt Tafel VI Aufschluß.

Um festzustellen, ob der Durchfluß bei den untersuchten Verhältnissen rein strömend erfolgt, sind zunächst in dem noch freien Tafelteil (IV) (links unten) zu den schon im Tafelteil (I) verwandten α-Werten als Abszissen die zugehörigen Grenz-Fließverhältnisse ω_{Gr} als Ordinaten aufgetragen worden. Es geschah dies für die Grenzformwerte $\delta_0 = 1, 2, 3$ und 4 durch Intra- bzw. Extrapolation aus den Formeln (7) bis (9).

Ferner wurden dann im Tafelteil (II) (rechts unten) zu den Grenz-Fließverhältnissen ω_{Gr} als Ordinaten die für die verschiedenen Wassertiefen t_0 berechneten Grenzwerte von B, die bei gegebenen A-Werten nicht überschritten werden dürfen, wenn der Abfluß rein strömend erfolgen soll, als Abszissen aufgetragen. Die hierfür erforderlichen Grenzwerte B_{Gr} berechnen sich aus:

$$B_{Gr} = (1 + 2\omega_{Gr}) k_0 = (1 + 2\omega_{Gr}) t_0 \omega_{Gr} \quad \ldots \ldots (10)$$

Es muß nun bei Verwendung des besprochenen graphischen Verfahrens gefordert werden, daß der aus dem tatsächlich auftretenden Fließverhältnis ω und der Geschwindigkeitshöhe k_0 des ungestauten Wasserlaufes berechnete Wert: $B = (1 + 2\omega) k_0$ kleiner als der Grenzwert B_{Gr} ist.

Die Untersuchung darüber, ob dies tatsächlich der Fall ist, erfolgt in der in der Textabbildung durch eine stark gestrichelte Linie angegebenen Weise, indem vom Punkte P_I in Tafelteil (I) aus eine lotrechte Linie bis zu der dem Formwert des untersuchten Pfeilers entsprechenden δ_0-Linie des Tafelteiles (IV) hinuntergezogen wird. Von dem Treffpunkt P_{IV} wird dann wagerecht bis zum Schnittpunkt P_{Gr} mit der gestrichelten, der Wassertiefe des ungestauten Flußlaufes t_0 entsprechenden t_0-Linie hinübergeflüchtet.

Die Lotrechte durch den so gefundenen Punkt P_{Gr} bildet die Grenze, bis zu der der Punkt P_{II} sich nach rechts verschieben darf, ohne daß schießendes Wasser auftritt. Wird diese Grenze überschritten, so beginnt ein Teil des Wassers zu schießen und die Berechnung der Stauhöhe kann nicht mehr nach dem angegebenen Verfahren erfolgen, weil die Voraussetzung des rein strömenden Durchflusses dann fehlt.

Liegt dagegen Punkt P_{II} links von der Lotrechten durch P_{Gr}, so ist die durch Punkt P_{III} festgelegte Stauhöhe z_I die tatsächlich auftretende.

Die Bestimmung der Stauhöhe z_I erfolgt demnach für den rein strömenden Durchfluß mit Hilfe der Tafel VI durch die beiden Linienzüge:

$$P_0' - P' - P_I - P_{III}$$
$$\text{und} \quad P_0'' - P'' - P_{II} - P_{III}.$$

Ein dritter Linienzug:

$$P' - P_{IV} - P_{Gr}$$

ist erforderlich, um festzulegen, ob das Berechnungsverfahren infolge des Vorliegens des rein strömenden Durchflusses verwendbar ist, was nur zutrifft, wenn Punkt P_{II} links von der Lotrechten durch Punkt P_{Gr} liegt.

Die Bestimmung der Stauhöhen beim rein strömenden Durchfluß läßt sich demnach nach Bestimmung des der Pfeilerquerschnittsform zukommenden Grenzformwertes δ_0 aus den Tafeln III bis V aus der Wassertiefe t_0 in m, dem Abfluß auf 1 m Bettbreite q in $\dfrac{m^2}{sec}$ und der Verbauung α ohne jede Rechenarbeit mit Hilfe von Tafel VI durch wenige Linienzüge in einfachster Weise bewerkstelligen.

Die Grenzformwerte δ_0 sind auf den Tafeln mit einer Genauigkeit von Hundertsteln angegeben worden. Bei den geringen Stauhöhen, die beim rein strömenden Durchfluß des Wassers auftreten, war es aber nicht möglich, die Hundertstel bei den δ_0-Werten sicher zu bestimmen, wenn auch auf die Schärfe der ausgeführten Messungen ganz besonderer Wert gelegt wurde.

Es war aber trotzdem nicht angängig, die δ_0-Werte nur in Zehnteln anzugeben, weil sich hierbei der erwünschte Genauigkeitsgrad nicht erzielen ließ. Die δ_0-Werte wurden daher auf zwei Dezimalen so angegeben, wie sie sich bei der rechnerischen Ermittlung aus den Beobachtungswerten ergeben haben.

Die bei der Ablesung der Stauhöhen im Modell erreichte Genauigkeit betrug im allgemeinen $1/10$ mm, wie durch zahlreiche Doppelversuche festgestellt wurde, die sich bei sich kreuzenden Versuchsreihen häufig, ohne daß der Beobachter den bei früheren Versuchsreihen ermittelten Zahlenwert beachtete, ergaben. Nur selten kamen Ablesungsdifferenzen um $2/10$ mm vor, während sich für den Normpfeiler „K" durch Bildung von Mittelwerten aus zahlreichen genauesten Einzelbeobachtungen wahrscheinlich sogar eine Genauigkeit auf etwa $1/20$ mm erzielen ließ. Zur Erreichung einer solchen Genauigkeit ist aber ein hohes Maß von Geduld und Geschicklichkeit erforderlich.

Die unvermeidlichen kleinen Meßfehler werden auch durch den Ausgleich verringert, der sich bei der Bildung von Formeln aus mehreren Beobachtungen erzielen läßt.

Die Frage liegt nahe, ob es denn gerechtfertigt war, so viel Zeit und Arbeit auf die Erzielung einer besonders großen Genauigkeit bei den Beobachtungen aufzuwenden, obschon es im praktischen Wasserbau meist nicht von Wichtigkeit ist, die Stauhöhen auf Zentimeter oder gar Bruchteile von Zentimetern genau zu kennen. Bei Beurteilung dieser Frage ist zu berücksichtigen, daß die ausgeführten Versuche nicht nur dem Bedürfnis des praktischen Wasserbaues dienen sollten, sondern daß sie einen Teil der seit 2 Jahrzehnten im Karlsruher Flußbaulaboratorium verfolgten hydraulischen Untersuchungen bilden, die dazu bestimmt sind, die Erscheinungen, die beim Wasserabfluß in einem starren Bett beliebiger Gestalt auftreten, zu klären. Für diese Untersuchungen kann aber die Schärfe der einzelnen Beobachtungen nicht zu weit getrieben werden. Ohne diese Genauigkeit wäre es niemals möglich gewesen, die verschiedenen Arten des Durchflusses bei Pfeilereinbauten klar zu trennen und damit die Grundlage für die Beurteilung des Brückenstaues überhaupt erst zu schaffen.

Der gewonnene Beobachtungsstoff wird nicht nur bei der Bestimmung der Größe des Brückenstaues, sondern auch bei der Behandlung von anderen hydraulischen Problemen nützliche Verwendung finden können und dazu beitragen, die theoretische Erfassung der Erscheinungen des Wasserabflusses ganz allgemein zu fördern. Es sei hier nur an das wichtige Problem des Widerstandes fahrender Schiffe erinnert, das demjenigen des Brückenstaues nahe verwandt ist, und das aus den mitgeteilten Werten manche Förderung erfahren kann. Denn die Stauhöhe, die ein Körper im fließenden

Wasser hervorruft, steht in enger Beziehung zum Widerstand des gleichen Körpers bei seiner Bewegung durch stehendes Wasser.

Der Verfasser hofft daher, daß auch die vorstehend kurz geschilderten Untersuchungen über den Brückenstau bei rein strömendem Durchfluß, die später in eingehender Weise veröffentlicht werden sollen, ein nicht ganz wertloses Glied in der langen Kette der Forschungen bilden, die erforderlich sein werden, um die verwickelten Verhältnisse beim Wasserabfluß, soweit dies bei der Schwierigkeit des Problems überhaupt möglich sein wird, zu klären.

Für den praktischen Wasserbau besteht das wichtigste Ergebnis der ausgeführten Untersuchung in der Feststellung, daß der Brückenstau und seine schädlichen Wirkungen seither in den meisten Fällen erheblich überschätzt wurden, da Fälle, in denen schießendes Wasser auftritt, und bei denen sich infolgedessen bedeutende Stauhöhen zeigen, zu den Ausnahmen gehören.

Die Angst vor den schädlichen Wirkungen des Brückenstaues, die schon so viele Brückenbauten erschwert und in manchen Fällen zu kostspieligen Änderungen von Entwürfen und wohl auch zur Aufgabe geplanter Brücken geführt hat, ist in den meisten Fällen unberechtigt gewesen. Das geht überzeugend aus den ausgeführten Untersuchungen hervor.

Dr.-Ing. Böß, der die mühsamen Beobachtungen an den Modellen und die umfangreichen Ausrechnungen nach den Angaben des Verfassers durchgeführt und auch bei der Ausgestaltung des graphischen Ausmittlungsverfahrens einen wesentlichen Anteil hat, gebührt für seine wertvolle Mitarbeit besonderer Dank.

DIE PRÜFUNG DER WASSERDICHTIGKEIT VON BETON UND EISENBETON.
Von E. Probst, Karlsruhe i. B.

Eine der dringendsten Aufgaben im Beton- und Eisenbetonbau ist die Frage, wie man sie mit den einfachsten Mitteln wasserdicht machen kann.

Es besteht vielfach noch die irrige Meinung, daß zu einem wasserdichten Beton eine sehr fette Betonmischung notwendig ist, ja daß diese die Voraussetzung für die Wasserdichtigkeit ist.

Zwei Gründe sprechen dagegen. Selbst der fetteste Beton wird, wenn das Mischen nicht sehr sorgfältig erfolgt und wenn die Verarbeitung nicht ganz einwandfrei ist, schwache Stellen enthalten. Ferner schwindet bekanntlich fetter Beton mehr als magerer Beton. Man wird also bei der Verwendung von allzu fettem Beton eher Schwindrisse zu erwarten haben, und gerade diese Risse können unter Umständen schwache Stellen bilden. Diese schwachen Stellen sind Ausgangspunkte für die Undichtigkeiten.

Was von fetten Betonmischungen gesagt wurde, gilt in verstärktem Maße für jede Art von Putz. Da der Putz in einer fetteren Mörtelmischung aufgebracht wird, als der darunter liegende Beton, da ferner der Putz oft erst einige Wochen nach der Erhärtung des Betons aufgebracht werden kann, ergeben sich sehr häufig Rißbildungen oder Abblätterungen. Man hat versucht, das Abblättern dadurch zu verhindern, daß man den Putz durch besondere Drahtschlaufen an den darunterliegenden Beton befestigt. Aber schon der Umstand, daß ein Putz viel zementreicher ist als der darunter liegende Beton, kann zu Rißbildungen führen, dies umso eher, je mehr das Bauwerk der Lufttemperatur und der Sonnenbestrahlung ausgesetzt ist. Bei einem Bauwerk, das diesen Einwirkungen nicht direkt ausgesetzt ist, werden sich selbstverständlich die vorher erwähnten Erscheinungen weniger bemerkbar machen.

Zu den Mitteln, die angewendet wurden, Beton und Eisenbeton wasserdicht zu machen, gehörten Zusätze chemischer Erzeugnisse (manchmal unbekannter Zusammensetzung), von denen behauptet wurde, daß sie porenfüllend und wasserabweisend seien. Man hat infolge schlechter Erfahrungen von der Anwendung dieser Mittel in den meisten Fällen wieder abgesehen, weil sie zu einer Verminderung der Festigkeit führten. Bewährt haben sich bis zur Zeit die natürlichen hydraulischen Zuschläge.

Andere Mittel, Beton wasserdicht oder wasserundurchlässig zu machen, bestehen darin, auf das fertige Bauwerk Anstriche anzubringen. Diese Anstriche haben sich zum Teil bewährt, sind aber in der Regel davon abhängig, daß das Bauwerk vorher durch längere Zeit austrocknen muß.

Unser Bestreben muß dahin zielen, die Wasserdichtigkeit von Beton und Eisenbeton auf natürlichem Wege ohne chemische Beimengungen und mit möglichst geringen Verkleidungen oder Anstrichen zu erzielen. Hand in Hand damit müssen gehen: Die Herstellung eines Qualitätsmaterials und konstruktive Maßnahmen, durch entsprechende Eiseneinlagen Rißbildungen aller Art zu vermeiden oder auf ein Mindestmaß einzuschränken.

Zur Klärung dieser Fragen sind Versuche erforderlich, die nicht an einfachen Mörtelkörpern vorgenommen werden dürfen, sondern an Betonmischungen, wie sie die Anwendung verlangt. Die Abmessungen der Probekörper dürfen auch nicht zu klein sein.

Schließlich darf man nicht übersehen, daß die Zeit ein wesentlicher Faktor bei diesen Versuchen ist, und daß hier nur Dauerversuche durch längere Zeit diejenigen Aufklärungen bringen können, die zur Lösung der Frage erforderlich sind.

Von diesem Bestreben geleitet, ist in der Bautechnischen Versuchsanstalt in Karlsruhe eine Einrichtung geschaffen worden, die von der Maschinenbaugesellschaft Karlsruhe gebaut wurde und die nach mancherlei Abänderungen befriedigende Ergebnisse liefert.

Abb. 1a, b und c zeigen im Grundrisse, Schnitt und in der Ansicht die Anlage zur Prüfung der Wasserdichtigkeit.

Die Anlage besteht aus 4 für den Betrieb von einander unabhängig zu machenden Apparaten I bis IV, einer durch einen Elektromotor E angetriebenen Kolbenpumpe P und einem über den 4 Apparaten an der Decke angebrachten Kran für den Transport der Versuchskörper.

Jeder einzelne Apparat besteht aus dem Preßtopf p, der in 2 Lagern L durch den Hebel h um die Achse drehbar und durch die Vorrichtung f feststellbar ist. Auf diesen Preßtopf wird der Versuchskörper k mit Hilfe der Ringplatte R und der Bolzenschrauben B angepreßt. Ferner hat jeder Apparat eine Steuerung S (Dreiwegeventil), welche die verschiedenen Wasser- Zu- und Ableitungen in der entsprechenden Weise einzuschalten gestattet. Jede der 4 Steuerungen ist durch die Leitung l_2 an die städtische Wasserleitung l_1 und durch l_{11} an die Entwässerungsleitung l_{12} angeschlossen. Die Leitung l_3 verbindet die Steuerungen unter sich. Ein unter der Preßpumpe P stehendes Wasserbecken W für den Wasserbedarf der Pumpe wird auf dem Leitungsweg l_2 l_5 aus der städtischen Wasserleitung gespeist mit einem Abstellhahn in l_5. l_{10} ist die nach der Entwässerung führende Überlaufleitung des Wasserbeckens. Durch die Saugleitung l_6 entnimmt die Pumpe aus dem Wasserbecken Wasser und drückt dies durch l_7 in die Auslösvorrichtung A, von wo es nach Einstellung der Feder F auf den gewünschten Versuchsdruck auf dem Leitungswege l_8 nach der Steuerung S_1 und von hier durch l_3 nach den übrigen Steuerungen gepreßt wird. Von den Steuerungen gelangt dieses Druckwasser bei geöffnetem oberen Steuerungsventil durch l_4 nach dem Preßtopf und wirkt auf den Versuchs-

— 14 —

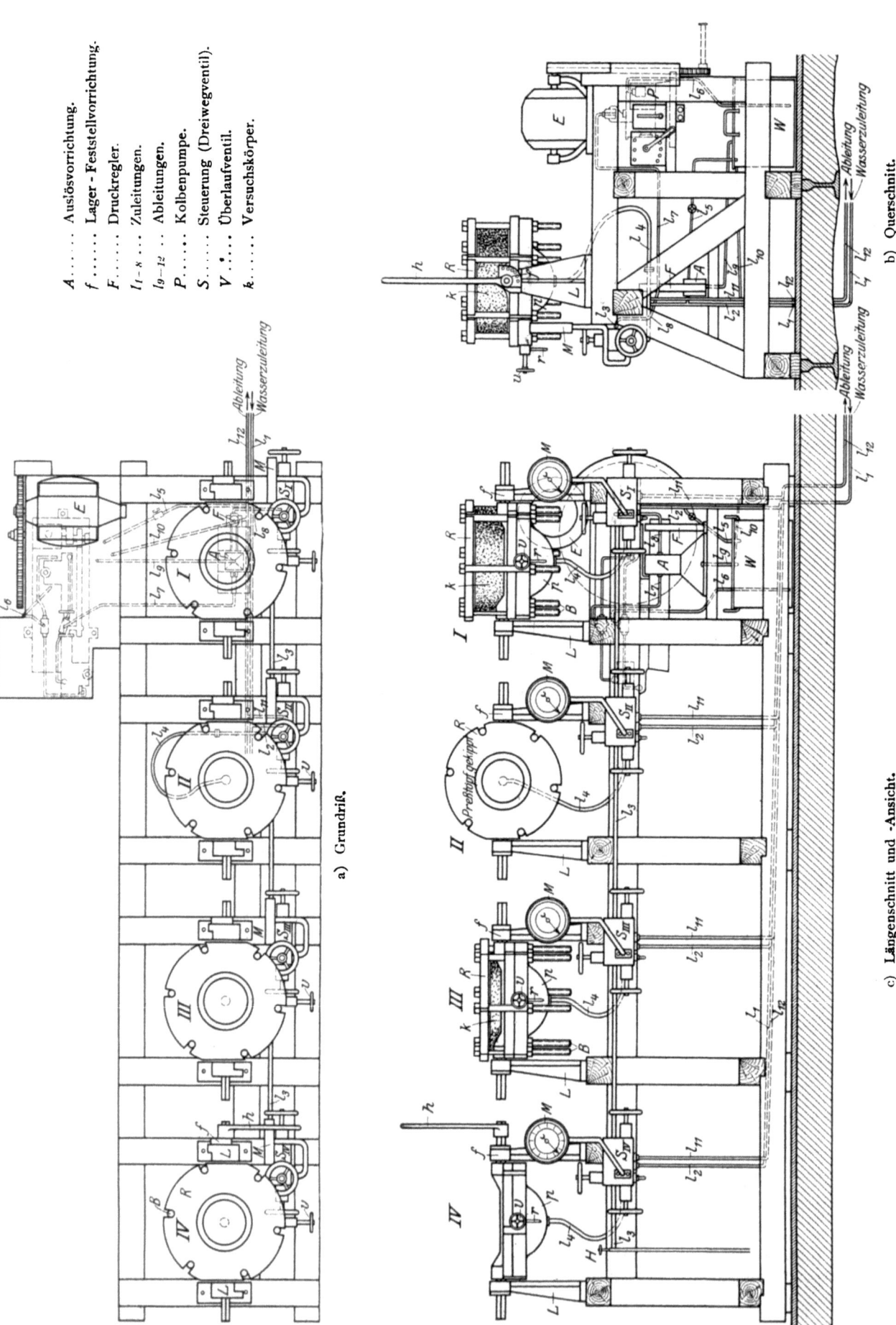

Abb. 1. Versuchseinrichtung zur Prüfung der Wasserdichtigkeit von Beton und Eisenbeton.

körper. Der Versuchsdruck ist an dem in Verbindung mit der Steuerung befindlichen Manometer bei geöffnetem oberen Steuerventil ablesbar. Etwaiges Überdruckwasser in Leitung 7 wird durch die Auslösevorrichtung A und Leitung 9 in das Wasserbecken zurückgeführt. Durch diese Einrichtung ist der geringste mögliche Wasserverbrauch erzielt, denn es geht nur die Wassermenge verloren, die in die Versuchskörper eindringt oder durch sie hindurchgepreßt wird.

Der Betrieb der Versuchseinrichtung geschieht in der folgenden Weise:

Der zylinderförmige Versuchskörper k wird mit Hilfe der 6 Bolzenschrauben B unter Verwendung von Dichtungen zwischen Preßtopf und Ringplatte R fest eingespannt. Durch Öffnen des linken Ventils der Steuerung fließt das Wasser der Wasserleitung durch l_2 in die Steuerung ein. Durch Öffnen des an der Steuerung oben befindlichen Ventils gelangt dieses Leitungswasser durch den Metallschlauch l_4 in den Preßtopf, der zur Aufnahme des Preßwassers ausgehöhlt ist. Die im Preßtopfhohlraum befindliche Luft entweicht bei geöffnetem Überlaufventil V durch das Röhrchen r. Sobald der Hohlraum im Preßtopf auf diese Weise mit Wasser gefüllt ist, (feststellbar am Überlauf r), werden Wasserzuleitung und Überlauf V abgestellt. Auf den Körper wirkt so noch kein Wasserdruck. Nunmehr wird die Pumpe von Hand oder mit Elektromotor in Tätigkeit gesetzt, wodurch das Druckwasser der Pumpe auf dem oben beschriebenen Wege l_7, A, l_8, S_1 in die Steuerungen und von hier nach Öffnung jeweils des oberen Steuerventils in den bereits auf dem anderen Wege mit Wasser gefüllten Preßtopf gedrückt wird. Jetzt steht der Körper unter Druck, dessen Größe das Manometer zeigt.

In zweckmäßiger Weise kann der Pumpendruck auch zur Füllung eines Druckakkumulators bei geöffnetem Hahn H verwendet werden. Bei stillstehender Pumpe und geöffnetem Hahn H wird dann der nötige Versuchsdruck dem Akkumulator entnommen, was zur Vermeidung des fortgesetzten Pumpenbetriebes vorteilhaft ist. Diese Einrichtung ist insbesondere für Dauerversuche erforderlich.

Soll der Versuch aus irgend welchem Grunde unterbrochen oder der Wasserdruck vermindert werden, so wird das Druckwasser durch Öffnen des rechten Steuerungsventils nach l_{11} und damit nach der Entwässerungsleitung l_{12} abgelassen.

Die Feststellung der Wasserdurchlässigkeit geschieht in der folgenden Weise:

Bei den einzelnen Druckproben wird beobachtet, inwieweit Wasser in den Versuchskörper eindringt bezw. durch ihn hindurchgepreßt wird. Ersteres wird durch jeweiliges Wiegen des Körpers nach den einzelnen Versuchsperioden festgestellt. Die Gewichtszunahme gibt ein erstes Maß für die Wasserdurchlässigkeit.

Inwieweit Wasser durch den Körper hindurchgepreßt wird, ist einmal an dem Auftreten von Wasserperlen an der Körperoberfläche festzustellen. Der Zeitraum bis zum erstmaligen Auftreten solcher Wasserperlen gibt ein weiteres Maß für die Wasserdurchlässigkeit.

Ferner ist mit Hilfe des Manometers festzustellen, inwieweit Wasser durch den Körper hindurchgepreßt wird. Wenn nach Schließen des oberen Steuerungsventils der Druck im Preßtopf nicht konstant bleibt, wenn das Manometer fällt, so kann mit Hilfe von Erfahrungszahlen aus dem Manometerfall in der Zeiteinheit auf das Maß des aus dem Preßtopf abgehenden Wassers und damit auch auf die Wasserdurchlässigkeit des Körpers geschlossen werden. Voraussetzung ist, daß alle Dichtungen und Ventile in Ordnung sind.

Unter Verfolgung der Vorgänge in der eben beschriebenen Weise wird der zuvor gewogene Versuchskörper auf den Preßtopf gespannt und zunächst auf die Dauer von 24 Stunden unter einem Druck von 1 Atm oder dem Wasserleitungsdruck gehalten, sofern der Körper nicht schon vor Ablauf dieser Zeit den Widerstand gegen das Eindringen des Wassers aufgibt.

Hat der Körper der Probe standgehalten, d. h. Wasser nicht durchgelassen, so wird er abgenommen, gewogen, wieder eingespannt und unter einem höheren Druck in der gleichen Weise beobachtet.

Die Versuchseinrichtung gestattet Untersuchungen bis zu einem Höchstdruck von 50 Atm.

Der Angriff des Druckwassers auf den Versuchskörper und die Durchgangswege des Wassers durch denselben sind aus folgendem durch den Preßtopf geführten Schnitt ersichtlich (Abb. 2).

Mit Hilfe dieser Einrichtung (Abb. 3) ist man in der Lage, die Wasserdurchlässigkeit oder Wasserdichtigkeit von Beton- oder Eisenbetonkörpern von größeren Abmessungen zu prüfen.

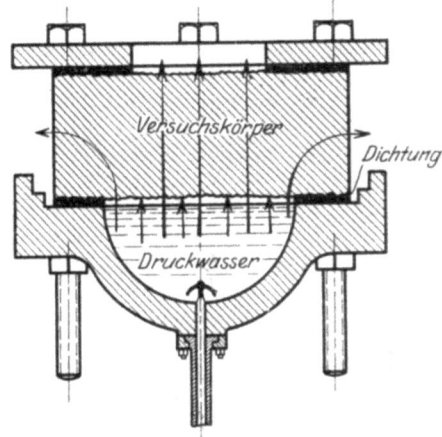

Abb. 2.

Der Vorgang bei der Prüfung besteht im wesentlichen darin, daß man zuerst die Wasseraufsaugefähigkeit des Materiales prüft. Je poröser der Beton ist, desto rascher wird sich der Körper mit Wasser vollsaugen. Je dichter der Körper ist, desto länger wird es dauern, bis der Betonkörper mit Wasser vollgesaugt ist. Als Grad-

Abb. 3.

messer für die Wasserdurchlässigkeit gilt sonach die Zeit, die zum Vollsaugen notwendig ist. Bei größeren Undichtigkeiten oder Hohlgängen im Beton wird das Wasser den Hohlgängen folgen. In diesem Falle wird sich nur derjenige Teil des Körpers mit Wasser vollsaugen, der zwischen dem Druckwasser und den Hohlgängen liegt.

Der Gewichtsunterschied zwischen dem vollgesaugten und dem trockenen Körper gibt den Grad der Wasserdurchlässigkeit an.

Erst wenn der Betonkörper mit Wasser vollgesaugt ist, wird es möglich, seinen gleichbleibenden Wasserdruck auf ihn einwirken zu lassen.

Die **Wasserdichtigkeit** ergibt sich sodann aus der Höhe des Wasserdrucks und der Dauer, bis zu der dieser gehalten werden kann, ohne daß Wasser an irgend einer Stelle des Betonkörpers austritt. Je wasserdichter der Körper ist, desto länger wird es dauern, bis das Preßwasser seitlich oder oben austritt. Dieser Zeitpunkt ist selbst bei dem Austritt ganz geringer Wassermengen sofort an dem Zurückgehen des Manometers zu erkennen.

Die bisherigen Versuchsergebnisse aus verschiedenen Betonmischungen haben einige bemerkenswerte Beobachtungen gezeigt.

An verschiedenen Versuchskörpern mit porösem Material und einer Mischung von 1:16 bei sehr grobem Kieszusatz war die Zeit, die bei den besten Probekörpern zum Vollsaugen notwendig war, etwa 10 Stunden. Ferner war es möglich, die besten Betonkörper 1:16 mit bloßem Glattstrich an der Oberfläche durch 120 Stunden ununterbrochen einem gleichbleibenden Wasserdruck von 4 Atmosphären auszusetzen, ohne daß irgendwelche äußeren Veränderungen sichtbar geworden sind.

Eine andere Beobachtung, auf die schon bei anderer Gelegenheit hingewiesen wurde, ist, daß es möglich war, einen gleichbleibenden Wasserdruck durch längere Zeit auf einen Eisenbetonkörper auszuüben, bei dem auf der dem Wasser abgewendeten Fläche Risse bereits aufgetreten waren, die allerdings durch die Eiseneinlagen an der Erweiterung verhindert wurden.

Schließlich sei noch ein anderes Beispiel genannt. Eine 10 cm starke Betonplatte in einem Mischungsverhältnis von 1 T. Portlandzement : 0,3 T. bayr. Traß : 6 T. Kiessand mit einem größten Korndurchmesser von 2,5 cm konnte während 120 Stunden unter einem Druck von 4 Atm. gehalten werden. Das Wasser drang in den ersten Stunden bis zu etwa 1,5 cm tief ein, was an den Seitenflächen äußerlich sichtbar war. Weitere Veränderungen konnten weder äußerlich noch durch Gewichtsbestimmungen wahrgenommen werden.

Zusammenfassend läßt sich sagen, daß mit Hilfe der Versuchseinrichtung dieselben Vorgänge untersucht werden, die bei einem Eisenbetonbauwerk zu beobachten sind, das unter einem bestimmten Wasserdruck steht.

Zuerst dringt Wasser in den Beton ein, rascher, wenn viele oder größere Hohlräume da sind, langsamer bei dichtem Material oder bei Vorhandensein einer wasserabweisenden Schicht auf der dem Wasser zugekehrten Fläche.

Sind die Hohlräume gefüllt oder teilweise durch Umlagerungen verstopft, so wird der Beton das, was man wasserdicht nennt. Er ist dann in der Lage, Wasser von bestimmtem Druck zu halten. Je wasserdichter das Material ist, desto länger wird es dauern, bis irgendwelche Veränderungen wahrzunehmen sein werden.

Aus den Ergebnissen der bisher durchgeführten Untersuchungen, von denen im Vorstehenden wenige Beispiele angeführt wurden, läßt sich erkennen, daß es in erster Linie darauf ankommt, die dem Wasser zugekehrten Flächen gegen das Eindringen von Wasser zu sichern. Bei kleinen Drücken wird ein Verreiben der Oberflächen und ein Füllen der Hohlräume durch einen einfachen Glattstrich diesen Zweck schon erfüllen können. Bei größeren Wasserdrücken wird eine besondere wasserabweisende Schicht notwendig sein, von der man verlangen muß, daß sie weder vom Wasser angegriffen wird, noch den Beton angreift. Sie soll ferner in der Lage sein, alle Formänderungen des darunter liegenden Betons mitzumachen, die insbesonders durch das Schwinden und durch Temperatureinflüsse hervorgerufen werden. Dies ist selbst bei dem besten Putz aus den in der Einleitung erwähnten Gründen nur selten der Fall, wie schon die Erfahrung an älteren Bauwerken lehrt. Wo ein Putz angewendet wird, muß darauf gesehen werden, daß seine durch Schwinden und Temperatureinflüsse hervorgerufenen Veränderungen sich denjenigen des darunter liegenden Betons anpassen. Ein fetter Putz auf einem mageren Beton wird daher an der Oberfläche leichter Rißbildungen verursachen und dadurch die Wasserdurchlässigkeit steigern. Außerdem ist er unwirtschaftlich und erhöht die Kosten des Bauwerks nicht unbeträchtlich.

Schließlich muß von jeder Art von Verkleidung oder Putz verlangt werden, daß sie an der Oberfläche glatt sind und dadurch den mechanischen Angriffen bei höheren Wasserdrücken größeren Widerstand leisten, als dies bei porösen Oberflächen der Fall ist.

Es ist zu erwarten, daß man diese Bedingungen mit natürlichen Mitteln erfüllen kann, sei es durch Verwendung von bestimmten Zementen oder hydraulischer Zuschläge wie Traß, Kalktraß, sei es durch eine entsprechende Verarbeitung des Mörtels oder Betons.

In zweiter Linie wird man dafür Sorge tragen müssen, den für das Eisenbetonbauwerk zur Verarbeitung kommenden Beton mit einem Minimum an Hohlräumen und -gängen herzustellen. Auch dies ist auf natürlichem Wege möglich. Bei gleichem Zementgehalt ist die Kornzusammensetzung des Zuschlagmaterials von ausschlaggebender Bedeutung, wie dies z. B. in der Doktorarbeit von Kortlang (siehe Nr. 10, Jahrgang 1921 „Bauingenieur") gezeigt wird.

Ein hydraulischer Zuschlag wird auch hier jeder Art von chemischen Zusätzen vorzuziehen sein. Grundbedingung aber bleibt eine sehr gute Verarbeitung des Betons und die Herstellung eines möglichst homogenen Materials.

In dieser Richtung bewegen sich die im Gang befindlichen und noch beabsichtigten Untersuchungen des Verfassers. Die bisherigen Ergebnisse bekräftigen die in vorstehendem Aufsatze entwickelten Grundsätze.

DER UNTERRICHT AUF DEM GEBIET DES VERKEHRSWESENS IN DEN BAUINGENIEURABTEILUNGEN DER TECHNISCHEN HOCHSCHULEN.

Von Professor Dr.-Ing. Otto Ammann, Karlsruhe i. B.

Nur auf der Grundlage eines hochentwickelten Verkehrswesens konnte sich unser modernes Wirtschaftsleben gestalten und kann es sich künftig weiter entwickeln. Der Bau von Eisenbahnen, mit dem jetzt vor rund 100 Jahren begonnen wurde, hat den Anstoß zu der modernen Verkehrs- und Wirtschaftsentwicklung gegeben. Bevor es Eisenbahnen gab, bestand nur auf dem Meere und auf schiffbaren Flüssen und wenigen Kanälen eine nennenswerte Verkehrsmöglichkeit; abseits von ihnen war das Pferdefuhrwerk auf schlechter Straße so gut wie das einzige Verkehrsmittel, das für Massenverkehr in größerem Umfang und auf weitere Entfernungen ganz ungeeignet war. Mit den Eisenbahnen erhielt der Mensch das geeignete Verkehrsmittel, um alle Länder dem Verkehr zu erschließen, miteinander zu verbinden und sie anzuschließen an die großen Schiffahrtstraßen. Erst jetzt konnten Massentransporte auch auf dem Lande sicher, schnell und billig über die größten Entfernungen hinweg ausgeführt werden, erst jetzt wurden Menschen und Güter wirklich „freizügig". Rasch und ausgiebig hat die Menschheit von dem neuen Verkehrsmittel Gebrauch gemacht und die Erde mit einem Netz von Eisenbahnen umspannt, die in Verbindung mit den alten und neuerbauten Wasserstraßen den gewaltigen, durch sie selbst geweckten Verkehr der modernen Volks- und Weltwirtschaft zu bewältigen haben. Neben den Eisenbahnen und Wasserstraßen nehmen, besonders seit der Verwendung von Kraftwagen, auch die Landstraßen in immer steigendem

Maße teils als Zubringer, teils als selbständige Verkehrswege an den großen Transportaufgaben teil. In der neuesten Zeit treten sogar für Sonderzwecke die Luftverkehrswege hinzu.

Bei allen Verkehrsmitteln ist mit dem Wachsen des Verkehrs auch eine stete Vervollkommnung der Fahrbahn und Fahrzeuge, Verbesserung der Betriebsweise und Erhöhung der Leistungsfähigkeit festzustellen. Im Interesse unserer Volkswirtschaft ist eine solche Vervollkommnung der Verkehrstechnik wie ein planmäßiges Zusammenarbeiten aller Verkehrsmittel unbedingt erforderlich, um den Verkehr so zweckmäßig wie irgend möglich zu bewältigen. Überblickt man die Größe der sich auf unseren modernen Verkehrswegen täglich bewegenden Massen und die Abhängigkeit, in der unser Wirtschaftsleben von diesen steht, so erkennt man ohne weiteres die außerordentliche Wichtigkeit der Verkehrsprobleme. Ihre sorgfältige und sachverständige Behandlung muß daher dringend gefordert und dem Dilettantismus, mit dem von nichttechnischer Seite neuerdings Verkehrsfragen behandelt werden, entschieden entgegengetreten werden.

Landstraßen, Eisenbahnen und Wasserstraßen werden von den Bauingenieuren entworfen, gebaut, unterhalten und weiter ausgestaltet; der Betrieb auf ihnen von ihnen geregelt und meist auch geleitet. Die Ausbildung der Bauingenieure auf den Technischen Hochschulen muß daher so eingerichtet sein, daß sie diesen großen, an sie in der Praxis herantretenden Aufgaben voll gewachsen sind. Wie sich dieser Ausbildungsgang entwickelt hat und was von ihm heute verlangt werden muß, soll nachstehend geschildert werden.

Die meisten deutschen Technischen Hochschulen sind aus bescheidenen Anfängen Schritt für Schritt mit dem Aufschwung der Technik, diesen durch Erziehung eines guten technischen Nachwuchses und durch wissenschaftliche Forschung fördernd, zu ihrer heutigen Größe und Bedeutung emporgewachsen. Mit wachsenden Aufgaben auf allen technischen Gebieten und mit den Fortschritten der technischen Wissenschaft und Praxis hat sich ihr Arbeitsfeld vergrößert, ihr Unterricht ausgestaltet und ihre Einrichtung für Lehre und Forschung vervollkommnet. Diese Entwicklung läßt sich auch am Unterricht für das Verkehrswesen deutlich verfolgen.

In der ersten Zeit, als man anfing Eisenbahnen zu bauen, war natürlich für den Bauingenieur der eigentliche Bau das wichtigste. In früher ungeahntem Umfang traten große Bauaufgaben an ihn heran. Umfangreiche Erdarbeiten waren auszuführen, große Bauwerke zu errichten, der Oberbau für das neue Verkehrsmittel war auszugestalten. Eingehende Forschungen und gründliche Untersuchungen waren erforderlich, um die richtigen Wege und Mittel zur Lösung der großen Bauaufgaben zu finden. Die Fortschritte, die in rascher Folge auf dem Gebiet der Bauingenieurwissenschaft erzielt wurden, treten am augenfälligsten beim Brückenbau in die Erscheinung, den der Eisenbahnbau vor die neue Aufgabe stellte, zahlreiche weitgespannte Brücken zu erbauen. In glänzender Weise wurde theoretisch und praktisch diese Aufgabe in Deutschland z. B. von Männern wie Pauli, Schwedler und Gerber gelöst.

Blättert man in den alten Studienplänen der ältesten deutschen Technischen Hochschule, jener in Karlsruhe, die 1825, also im gleichen Jahre, in dem Stephenson seine erste Bahn in England dem Betrieb übergab, eröffnet wurde, so findet man z. B. in dem Programm von 1835 das Eisenbahnwesen in der Ingenieurschule unter den Vorlesungen: Wasser- und Straßenbau in dem Kapitel „Lehre von den Communicationen", die in drei Abteilungen zerfällt und zwar: I. Landcommunication, II. Wassercommunication, III. Vergleich der natürlichen und künstlichen Schiffahrt mit dem Verkehr auf Straßen und Eisenbahnen. Unter I. werden behandelt: Theorie und Konstruktion der Fahrzeuge, System des Fuhrwesens, Konstruktion der Straßen und ihre Beiwerke, Bau der Schienenwege der Eisenbahn mit ihren Beiwerken, System der Bewegung auf Eisenbahnen und Bau der Brücken.

Eisenbahnbau- und Brückenbau wurden damals noch als Unterabteilung eines Kapitels der Vorlesungen über Wasser- und Straßenbau behandelt. Interessant ist es, zu finden, daß ein besonderer Abschnitt dem Vergleich der natürlichen und künstlichen Schiffahrt mit dem Verkehr auf Straßen und Eisenbahnen gewidmet war in einer Zeit, in der überhaupt erst die erste Eisenbahn in Deutschland eröffnet wurde. Man erkennt daraus aber, daß man schon damals das Interesse der jungen Bauingenieure neben den verkehrstechnischen auch den verkehrswirtschaftlichen Fragen zuwandte.

Mit dem kräftigen Einsetzen des Eisenbahnbaues wurde der Unterricht auf den bautechnischen Gebieten erheblich ausgedehnt. Neben Erd-, Grund- und Tunnelbau nimmt die Behandlung der eisenbahnbautechnischen und brückenbautechnischen Fragen einen wesentlich breiteren Raum ein. Mit zunehmender Bedeutung der Eisenbahnen und Erweiterung der Kenntnisse auf dem Gebiete des Eisenbahnbaues und Brückenbaues folgt dann die Loslösung der Vorlesungen über beide Gebiete von jenen über Wasserbau. In Karlsruhe tritt der Eisenbahnbau erstmals als selbständiges Lehrgebiet im Jahre 1860 auf.

Neben den bautechnischen Fragen treten immer mehr auch die betrieblichen und wirtschaftlichen hervor, besonders, als man anfing, das Eisenbahnnetz in schwierigeres Gelände vorzustrecken. Der Einfluß der Wahl der Spurweite, der Krümmungen und Steigungen und jener der Betriebsweise auf Bau- und Betriebskosten war zu erforschen, der Einfluß der Linienführung auf die Verkehrsgestaltung zu ermitteln, die mit Rücksicht auf Bau- und Betriebskosten, Einnahmen und volkswirtschaftliche Vorteile bauwürdigste Linie zu ermitteln. Kommerzielle und technische Trassierung von Eisenbahnen und Straßen wurde ein eigenes Forschungs- und Unterrichtsgebiet, das dann Launhardt in seinem Buche: „Theorie des Trassierens" mustergültig bearbeitet hat.

Mit dem Wachsen des Verkehrs auf den Bahnen erlangten die Bahnhöfe, die Eingangspunkte für den Verkehr und Ausgangspunkte für den Betrieb, erhöhte Bedeutung. Aus anfangs einfachen und übersichtlichen Anlagen wuchsen sie sich zu ausgedehnten und verwickelten Gebilden aus, die sicher und zweckmäßig zu betreiben manche Schwierigkeit bereitete. Vielerorts mußten die anfangs verbundenen Verkehrs- und Betriebsanlagen räumlich getrennt werden, wobei besondere Typen für Personen-, Güter-, Rangier-, Lokomotiv-, Abstell-, Hafen- und Industriebahnhöfe entstanden. Als Sonderzweig der Eisenbahnwissenschaft bildete sich die Lehre vom Bau und Betrieb von Bahnhöfen aus, bei der die Eisenbahnbetriebsvorgänge eingehend behandelt und die Forderungen und Bedürfnisse des Verkehrs klargelegt und sorgfältig berücksichtigt werden mußten. Goering hat im Handbuch der Ingenieurwissenschaften dieses große Gebiet erstmals zusammenhängend behandelt.

Gleichzeitig verlangte der intensivierte Verkehr auf den Eisenbahnen eigene Signal- und Sicherungsanlagen, die sich aus den anfänglich einfachen Einrichtungen zu Sicherungssystemen höchster Vollkommenheit entwickelten. Das Eisenbahnsignal- und Eisenbahnsicherungswesen fand ebenfalls an den Technischen Hochschulen eine sorgsame Pflegestätte.

Doch unaufhaltsam schwoll der Verkehr von Jahr zu Jahr weiter an, und immer höhere Leistungen wurden von freier Strecke und Bahnhöfen verlangt. Erhöhung der Leistungsfähigkeit, Vereinfachung und Verbilligung des Betriebes, Steigerung des Nutzeffektes im Eisenbahnverkehr wurde die Losung. Verwendung leistungsfähigerer Dampflokomotiven und großräumiger Wagen, Einführung elektrischen Betriebs auf der einen Seite, sorgfältiges Aufsuchen und Ausmerzen aller die Leistungsfähigkeit beeinträchtigenden Engpässe des Eisenbahnnetzes und aller diese herabdrückenden Betriebsverhältnisse auf der andern Seite, schließlich sorgfältige Verfolgung des ganzen Güterumlaufs selbst und Verhütung aller unwirtschaftlichen Umwege und überflüssigen Rangierbewegungen und Aufenthalte, Aufsuchen der Wege geringsten Widerstands für jeden Transport, das alles sind Fragen und Aufgaben von höchster Wichtigkeit, die nur bei genauester und tiefster Kenntnis aller technischen, betrieblichen und wirtschaftlichen Verhältnisse vom Verkehrsingenieur richtig behandelt werden können. Gerade in der Gegenwart, wo wir nicht mehr aus dem Vollen schöpfen können, sondern bettelarm in Deutschland geworden sind, gilt es, auf Grund eingehenden Betriebstudiums aus den vorhandenen Anlagen und Betriebsmitteln auch das Letzte, was möglich, herauszuholen. Wissenschaftliche Betriebsforschung tut im Verkehrswesen bitter not; sie muß wie draußen in der Praxis geübt, so auch an unseren Hochschulen gepflegt werden. Die wissenschaftliche Behandlung des Eisenbahnbetriebes hat daher an den Technischen Hochschulen eine besondere Pflegestätte gefunden, was zahlreiche Abhandlungen der Professoren und Doktoranden dartuen.

Wenn bisher in der Hauptsache vom Eisenbahnwesen statt allgemein vom Verkehrswesen gesprochen wurde, so geschah es, weil von den Eisenbahnen der Anstoß zu der neuen Verkehrsentwicklung ausging und weil sie auch heute noch das wichtigste aller Verkehrsmittel sind. Neben ihnen gewannen die Wasserstraßen mit Zunahme des Massengüterverkehrs erhöhte Bedeutung, da ihre Vorzüge gerade im schweren Massengüterverkehr besonders in die Erscheinung treten. Die vorhandenen Schiffahrtswege wurden besser ausgebaut und treten teils in Zusammenarbeit mit den Eisenbahnen, teils auch mit ihnen in Wettbewerb. Die Vorteile, welche die an Wasserstraßen liegenden Handels- und Industrieplätze in transportlicher Hinsicht vielfach genossen und neuerdings die oft vorliegende Möglichkeit, die Kanäle gleichzeitig zur Kraftgewinnung auszunützen, ließen den Wunsch nach dem Ausbau eines ausgedehnten Wasserstraßennetzes vielerorts wach werden und führten zum Bau zahlreicher neuer Wasserstraßen und zur Projektierung ganzer Netze von Kanälen. Die Frage mußte aber aufgeworfen werden, wie weit ein solcher Ausbau von Wasserstraßen neben jenem der Eisenbahnen volkswirtschaftlich berechtigt ist.

Die gleiche Frage nach der volkswirtschaftlichen Bedeutung muß auch bei dem in und nach dem Kriege besonders stark einsetzenden Kraftwagenverkehr auf den Landstraßen gestellt werden. Der privatwirtschaftliche Nutzen steht ja außer Frage, denn sonst würden die privaten Unternehmer den Kraftwagenbetrieb einstellen; volkswirtschaftlich liegen die Verhältnisse aber teils anders. Denn die Konkurrenz mit der Eisenbahn kann vielfach nur deshalb aufgenommen werden, weil die Kosten der Straßenunterhaltung der Allgemeinheit zufallen und den Kraftwagenverkehr wenig belasten. Bei der heutigen Beschaffenheit unserer Straßen entsteht aber durch zu starken Kraftwagenverkehr nicht nur eine Belastung der Allgemeinheit zu Gunsten Einzelner, sondern auch die große Gefahr, daß unsere Landstraßen in kürzester Zeit vollständig zusammengefahren werden, womit der Kraftwagenverkehr von selber ein unerwünschtes Ende fände. Der moderne Kraftwagenverkehr, der nicht bekämpft, sondern in die richtigen „Bahnen" gelenkt werden soll, stellt unsere Ingenieure vor neue bautechnische und verkehrspolitische Aufgaben, deren Lösung ein dringendes Gebot der Stunde ist und an denen die Hochschulen eifrig mitarbeiten müssen.

Der Entwicklung des Schiffahrts- und Kraftwagenverkehrs entspricht es, daß in den Unterrichtsplänen unserer Hochschulen die Vorlesungen auf dem Gebiet des Hafenbaues, der Schiffahrtstraßen und des Straßenbaues weitgehend ausgebaut werden.

Während die Konkurrenz der Wasserstraßen die Hauptbahnen berührt, ist jene des Kraftwagenverkehrs für diese von geringerer Bedeutung, dagegen bedroht letztere vielfach die Lebensbedingungen der sogenannten Lokal- oder Kleinbahnen, die zur Aufschließung der verkehrsärmeren Gebiete innerhalb der weiteren Maschen des Hauptbahnnetzes angelegt wurden. Wege müssen gesucht und gefunden werden, um Schäden für die Allgemeinheit zu verhüten. Das Kleinbahnwesen, das viel individuellere Formen als die Hauptbahnen aufweist, erfordert auch deshalb besondere Pflege und Behandlung an unseren Hochschulen, weil seine Bedeutung in der Nachkriegszeit mit ihren großen Siedelungsfragen immer mehr anwächst. Die Lokalbahnen sollen uns helfen, die zusammengeballten Menschenmassen aus den Großstädten wieder aufs Land hinauszuführen, ihre drohende „Versteinerung" in den Städten zu verhindern und zur intensiveren Ausnützung und Entwicklung aller Teile unseres Heimatlandes beitragen.

Der Verkehr innerhalb der Großstädte selbst hat ebenfalls besondere Formen angenommen. Hier, wo die Zusammenballung von Menschen- und Gütermassen ihren Höhepunkt erreicht, treten von den schwierigsten Verkehrsproblemen auf. Straßenbahnen, Hoch- und Untergrundbahnen für Personen- und neuerdings für Güterverkehr, Kraftwagenlinien, Vorort- und Städtebahnen helfen zusammen, um die Tag für Tag zu bewegenden gewaltigen Verkehrsmengen innerhalb der Städte zu bewältigen. Die großstädtischen Verkehrsprobleme stellen einen eigenen Zweig unserer Verkehrswissenschaft dar, der ebenfalls im Unterrichtsplan unserer Bauingenieure vertreten ist.

Mannigfaltig sind, wie wir sahen, die Verkehrsmittel und Verkehrswege, die zur Bewältigung des modernen Verkehrs dienen; jedes hat seine besondere Eigenart. Die richtige Auswahl unter ihnen und die richtige Ausgestaltung der bestehenden Verkehrswege in baulicher, betrieblicher und wirtschaftlicher Hinsicht kann nur der bewirken, der die technischen und wirtschaftlichen Grundlagen des Verkehrsproblems vollauf beherrscht. Der junge Ingenieur, der sich später auf dem weiten Gebiet des Verkehrswesens nutzbringend betätigen will, muß sich daher nicht nur im Bau und Betrieb moderner Verkehrswege auskennen, sondern die Verkehrsprobleme in ihrer Gesamtheit überschauen und aus den Verkehrsbedürfnissen heraus die richtigen technischen, betrieblichen und wirtschaftlichen Maßnahmen zu ihrer besten Befriedigung zu ergreifen imstande sein. An allen technischen Hochschulen müssen daher in immer steigendem Maße neben Spezialvorlesungen über die Bauausführung, Betriebsgestaltung und Wirtschaftsführung der einzelnen Verkehrswege zusammenfassende Vorlesungen über den modernen Verkehr in seiner Gesamtheit, über seine Grundlagen, Entwicklung, volkswirtschaftliche Bedeutung, Eigenart, seine Bedürfnisse und deren Befriedigung, seine Beeinflussung durch Verkehrsmittel, Betriebsweise und Tarifgestaltung usw. für die sich dem Verkehrswesen widmenden Studierenden geboten werden, so daß die jungen Ingenieure noch mehr als bisher lernen, von vornherein alle verkehrstechnischen Aufgaben unter großen allgemeinen Gesichtspunkten zu behandeln.

Neben den Vorlesungen auf dem Gebiet des Verkehrswesens geht an unseren Technischen Hochschulen das Entwerfen von Verkehrsanlagen einher, das schon bisher Gelegenheit zur eingehenden Besprechung und Behandlung spezieller Verkehrsfragen bot. Dieser Unterricht wird mehr und mehr ergänzt durch seminaristische Übungen, in denen gemeinsam einzelne Fragen systematisch durchgesprochen und besondere Verkehrsprobleme wissenschaftlich bearbeitet werden. Die Studierenden müssen im Seminar dazu angeleitet werden, sich ein eigenes Urteil zu bilden, ihre Ansichten klar in Wort und Schrift auszudrücken und in der Diskussion zu vertreten. Sie müssen die Fachliteratur kennen und benützen lernen. Zu eigener wissenschaftlicher Forschung müssen sie dabei in jeder Weise angeregt werden.

Noch etwas ist mit Rücksicht auf die wissenschaftliche Forschung und die Förderung der Verkehrswissenschaft erforderlich. Das große Versuchsfeld für die meisten Untersuchungen auf dem Gebiet der Verkehrstechnik liegt draußen im Verkehrsbetriebe selbst. Nur in beschränktem Maße ist ein experimentelles Forschen im Laboratorium möglich. Leider wird aber das große Versuchsfeld draußen viel zu wenig benutzt, obwohl sich dem Ingenieur im Betrieb auf Schritt und Tritt Gelegenheit zu wissenschaftliche Erkenntnis fördernden Untersuchungen, Beobachtungen und Versuchen bietet. Daß so wenig in dieser Richtung geschieht, kommt wohl z. T. daher, daß unsere Bauingenieure — im Gegensatz z. B. zu Chemikern und Elektrotechnikern — während ihres Studiums so wenig Gelegenheit haben, technisch-wissenschaftliche Versuche in ihrer Anlage, Durchführung und Auswertung kennen zu lernen. Es sollte diese Lücke dadurch ausgefüllt werden, daß auch auf dem Gebiete der Verkehrstechnik Institute eingerichtet werden, in denen gewisse experimentelle Untersuchungen, die ohne allzu große Schwierigkeiten gemacht werden können, zu Unterrichtszwecken mit den Studierenden durchgeführt werden. Das würde nicht nur das scharfe Beobachten früh schulen, sondern auch zu späterem Weiterarbeiten auf diesem Gebiet außerordentlich anregen.

Im Zusammenhang mit der Neuordnung der Studien- und Prüfungspläne und der Inbetriebnahme des Neubaues der Bauingenieurabteilung soll der Unterricht auf dem Gebiete des Verkehrswesens im Sinne obiger Ausführungen in Karlsruhe ausgestaltet werden. Bisher wurden allgemeine Verkehrsfragen in verschiedenen Eisenbahnvorlesungen mehr gelegentlich mit behandelt; sie sollen künftig in einer Sondervorlesung als „Allgemeine Verkehrslehre" zusammengefaßt werden, die neben den einführenden Vorlesungen über die Technik des Verkehrswesens einhergehen, so daß zunächst die Ziele und technischen Hilfsmittel zu ihrer Erreichung den Studierenden bekannt werden. So vorbereitet, soll dann zur speziellen Behandlung der einzelnen Verkehrswege in baulicher, betrieblicher und wirtschaftlicher Beziehung an sich und ihrer Wechselwirkung in Vortrag und Projektbearbeitung übergegangen werden, schließlich sollen sich seminaristische Übungen im oben angegebenen Sinne in einem neuen Institut für Verkehrswesen der Bauingenieurabteilung anschließen, neben denen auch Gelegenheit für technisch-wissenschaftliche Versuche im Versuchsraum des Instituts geboten werden soll.

Für die Zwecke eines solchen Instituts ist der westliche Flügel des Neubaues bestimmt. Im Parterre befindet sich ein großer für Versuchszwecke bestimmter Raum, vor dem außen eine Versuchsgleisanlage, die sich nördlich bis in den Fasanengarten erstrecken wird, angelegt wird. Zu Lehrzwecken sollen hier zunächst Untersuchungen über Lauf- und Krümmungswiderstände von Eisenbahnfahrzeugen, über das Verhalten des Gleises unter bewegter Last und ähnliche durchgeführt werden. Es besteht aber die Absicht, dieses Lehrinstitut — falls die nötigen Mittel aufgebracht werden — allmählich in ein mit den großen Verkehrsunternehmungen zusammenwirkendes Forschungsinstitut umzuwandeln.

Südlich schließt sich an den Versuchsraum ein Modellsaal an, mit einer vollständigen Stellwerks- und Streckenblockanlage für zwei Bahnhöfe und zwischenliegender Blockstelle, die für den Unterricht im Eisenbahnsignal- und Sicherungswesen und Eisenbahnbetrieb bestimmt ist.

Im oberen Stockwerk ist die Modell- und Plansammlung für den Lehrstuhl für Eisenbahn- und Straßenwesen, die zum Institut gehörigen Professoren- und Assistentenzimmer sowie der Seminarraum mit Handbibliothek, Literaturkartothek, den wichtigsten Zeitschriften auf dem Gebiet des Verkehrswesens und einer Sammlung größerer Verkehrsprojekte aus der Praxis, die in den seminaristischen Übungen benützt werden, den Studierenden aber auch zum Selbststudium zur Verfügung stehen. Durch das Institut sollen auch spezielle wissenschaftliche Arbeiten auf dem Gebiet des Verkehrswesens angeregt und aus vorhandenen Stiftungsmitteln unterstützt werden. Es soll nicht nur den Studierenden, sondern auch den in der Praxis stehenden Kollegen zur Verfügung stehen, die auch zu den seminaristischen Übungen als Mitarbeiter des Institutsleiters herangezogen werden sollen.

Mit dem Institut verbunden ist das z. Z. in Einrichtung begriffene badische Verkehrsmuseum, das in den Räumen des dem Neubau gegenüberliegenden alten badischen Zeughauses untergebracht ist und vier Abteilungen: Eisenbahn-, Straßen-, Schiffahrts- und Luftfahrwesen, enthält. Ein Teil des Museums, so die Lokomotiv-, die Oberbau-, Stellwerks- und Flugzeugabteilung, ist schon besichtigungsfähig geordnet und aufgestellt. Die Entwicklung des Verkehrswesens kann hier den Studierenden anschaulich gemacht werden.

Über die Erfahrungen, die bei dem neuen Institut für Verkehrswesen in Karlsruhe gesammelt werden, wird später berichtet werden. Es ist zu hoffen, daß durch die Arbeiten des Instituts Theorie und Praxis des Verkehrswesens im Interesse der Allgemeinheit gefördert werden.

DIE BESTIMMUNG UND UMGRENZUNG DES BEGRIFFS „STÄDTEBAU" ALS INGENIEURWISSENSCHAFT.

Von Professor K. Hoepfner, Karlsruhe i. B.

Ein jeder Stand rühmt sich einer hohen Aufgabe, die er in der Welt zu leisten habe. Daran mitzuarbeiten, erfüllt alle seine Glieder vom niedersten bis zum höchsten mit Stolz. So z. B. sprechen wir vom Nähr- und vom Wehrstand, so sorgen die einen für das Recht in der Welt, die andern vermitteln den Verkehr mit den fernsten Weltteilen und machen die Erzeugnisse der entlegensten Erdenwinkel allen Menschen zugänglich und nutzbar.

Worin sieht nun der Ingenieur diesen seinen Weltberuf? Selbstverständlich verstehe ich unter „Ingenieur" nicht alles, was heute diesen Titel führt, der an sich so Hohes bedeutet, aber zur Metze aller derer gemacht wird, die ihre Titelsucht befriedigen oder sich den Schein besserer Vorbildung geben wollen. Anderseits aber sind die mit inbegriffen, die (wie die Architekten und andere) sich gemeinhin anders nennen, aber in der Tat doch Ingenieure in folgendem Sinne sind.

Nicht das Bauen, nicht das Berechnen, nicht die Anwendung überlieferter Konstruktionen ist das gemeinsame Kennzeichen der Ingenieure. Auch dadurch wird weder eine scharf treffende noch vollständige Definition unserer Tätigkeit gegeben, wenn man sagt: der Ingenieur mache die Kräfte und Stoffe der Natur der Menschheit untertan und nutzbar. Vielmehr: „Der Ingenieur gestaltet die körperliche Welt." Die körperliche Welt ist es, mit der sich der Ingenieur als „Ingenieur" befaßt. Auf diesem Gebiet aber gibt es nichts von der Stecknadel bis zum größten Ozeandampfer, was durch seine Tätigkeit nicht grundlegend beeinflußt ist. Nicht in dem Sinne, daß er etwa alles herstellte! Vieles Körperliche entsteht ohne menschliche bewußt regelnde Tat, vieles andere wird nach bekannten Grundsätzen und Verfahren hergestellt. Damit wird diese Tätigkeit zur Technik, die etwas anderes als Ingenieurwirken ist und übrigens auch durchaus nicht auf die körperliche Welt sich beschränkt. (Sprachtechnik, Verwaltungstechnik). Kennzeichnend für die Wirksamkeit des Ingenieurs in der körperlichen Welt ist das „Gestalten", d. h. die schöpferisch formende Tätigkeit.

Sie schließt drei Funktionen in sich. Erstens die Erkenntnis, daß ein Bedürfnis nach einem körperlichen Gebilde oder die Möglichkeit besteht, durch ein solches die Menschheit zu fördern, und demgemäß die Programmstellung für die Gestaltung. Zweitens auf der Erkenntnis der Aufgabe aufbauend die Entwicklung der Form. Drittens die Auffindung oder mindestens die Angabe des Verfahrens, um das entworfene Körpergebilde in die Wirklichkeit umzusetzen. Ist dieses „Gestalten" in seiner aus einem erkannten Bedürfnis herauswachsenden schöpferischen, d. h. neue Gebilde schaffenden Wirksamkeit erfüllt, so hört die Ingenieurtätigkeit als solche auf. Die wiederholte Herstellung und gleichartige Anwendung der Gebilde gehört in das Gebiet der Technik. Derjenige war ein Ingenieur, der das erste Gewebe ersann und herstellte und der, welcher an Stelle des Gänsekiels die Stahlfeder setzte, sowie der, welcher auf präparierter Leinwand das erste Gemälde darstellte, um Gesehenes oder Gedachtes festzuhalten und damit der Menschheit zu dienen, und der Erbauer des ersten Luftschiffes, wenn er sich auch nicht Ingenieur nannte.

Mannigfach verschieden ist nun das Schwergewicht, in dem die drei Funktionen des Gestaltens in den verschiedenen Zweigen des Ingenieurwesens in Erscheinung treten. Dem Maschineningenieur, der Werkzeug im weitesten Sinne des Wortes bildet, wird oft die Aufgabe durch einen einzelnen Auftraggeber und durch das Gesamtgetriebe, das er durch Einfügung einer Neubildung verbessern soll, klar und eindeutig gegeben sein. Er kann dabei mit mechanischen, d. h. unwandelbaren, ewig gleichen Naturgesetzen unterworfenen Kräften und Wirkungen rechnen. Die zweite Funktion des Gestaltens, die Formausbildung (Konstruktion) wird besonders stark im Vordergrund seiner Tätigkeit stehen.

Auch der Architekt, der die Gebäude für Mensch, Betrieb und Wirtschaft schafft, arbeitet zumeist für einen bestimmten einzelnen Auftraggeber. Daher hat er seine Programmstellung einem einzigen, klar erfragbaren Bedürfnis anzupassen. Er kann sich ebenfalls jeweils auf ein einzelnes, im Umfang verhältnismäßig eng begrenztes Bauwerk konzentrieren. Aber zum Unterschied von dem Maschineningenieur muß er sich den Menschen anpassen. Will er seine Gestaltung aus dem Bedürfnis entwickeln und damit gleichzeitig die einzig sichere Grundlage auch zu wahrer Schönheit finden, so muß er die verschiedensten und ständig mit den Zeitläufen sich wandelnden menschlichen und wirtschaftlichen Bedürfnisse klar überblicken und feinfühlend die psychischen und physischen Wechselwirkungen zwischen Bau und menschlicher Eigenart empfinden und daraus seine Gestaltungsformen in ständigen Variationen entwickeln.

Wenden wir unser Augenmerk endlich den Bauingenieuren zu, so finden wir zwei verschiedene Gruppen. Die eine befaßt sich ebenfalls mit Einzelbauwerken, die wie Brücken, Hallen, Schleusen usw. meist Teile großer Gesamtanlagen bilden und die durch das Programm, das bei diesen zu erfüllen ist, gleichzeitig selbst mit festgelegt sind. Es handelt sich nun darum, durch oft äußerst komplizierte Berechnungen die Gestalt und Abmessungen diesem Programm entsprechend zu entwickeln. Auch hier herrscht die konstruktive, also die zweite Funktion des Gestaltens vor. Die andere Gruppe arbeitet aber gerade in der Gestaltung eben jener großen gewaltigen Anlagen. Sie gestaltet recht eigentlich die Oberfläche der Welt um und sucht die naturgegebenen Verhältnisse gemäß den Bedürfnissen der Menschheit und ihrer Wirtschaft umzuformen. Sie überspannt die Erdrinde mit Wege-, Kanal- und Bahnnetzen, überwindet dabei Täler und durchfährt Bergrücken, bändigt die Gewalt der Ströme und zwingt die Kräfte in ihren Dienst. Diese Ingenieure haben keinen Auftraggeber, sie passen sich keinem einzelnen oder einer beschränkten Gruppe von Menschen an, die ihre Interessen geltend machen können, sondern sie dienen der Menschheit und der Volkswirtschaft und müssen aus sich erkennen, was nützlich oder schädlich ist. Ohne Frage stellt diese Tätigkeit ganz besonders hohe Anforderungen an die Fähigkeit, die Wechselwirkungen zwischen dem Werk und menschlichen und wirtschaftlichen Verhältnissen und deren Forderungen klar zu empfinden. Dadurch spielt die erste Funktion des Gestaltens, die Programmaufstellung, bei dieser Tätigkeit eine viel tiefer greifende Rolle.

Dasselbe gilt in vielen Fällen von der dritten Funktion. Die Verwirklichung der Planungen wird sich oft über lange Zeiträume der Zukunft forterstrecken. In den einzelnen Stufen von grundlegenden Anfängen bis zum dereinstigen endgültigen Ausbau wird man daher stets vorbereitend das vollkommne Endwerk ins Auge fassen und zielbewußt verfolgen müssen. Um hierbei seine Gestaltungsentwürfe im Rahmen des Erreichbaren zu halten und damit verwirklichungsfähig zu machen, muß der Ingenieur nicht nur die Bau-, sondern auch die Verwaltungstechnik in ihrer derzeitigen und steigerbaren Leistungsfähigkeit kennen. Er muß ferner die Menschen und die Wirtschaft in ihren oft imponderablen Trieb- und Hemmungskräften genau zu überblicken und einzuschätzen imstande sein, um sich die notwendigen Handhaben und Hilfsmittel für die Ausführung seines Werkes zu sichern.

Nun ist auf diesem Gebiet der Gestaltung großer komplizierter Gebilde in letzter Zeit ein neuer Zweig zu großer Wichtigkeit gelangt, das ist die Gestaltung städtischer Siedlungen.

Die Bedeutung dieser Aufgabe ist klar. 40 Millionen Deutsche leben in Städten. Sie leben dort mehr oder weniger menschenwürdig und froh. Ihre Nachkommen wachsen dort heran, sie treiben ihr Gewerbe und erarbeiten sich ihren Lebensunterhalt und finden dort ihre geistige Entwicklung und die Grundlagen und Anregungen zu mehr oder weniger günstiger Produktivität und psychischer Gesundheit, d. h. die Grundlagen ihrer Geisteskultur. In allen diesen Richtungen sind sie abhängig von den Verhältnissen, die in den Stadtsiedlungen herrschen.

Den Umfang der Aufgabe, die in der Gestaltung der Städte liegt, kann man daran ermessen, daß die Einwohnerschaft der Städte seit dem 12. Jahrhundert bis 1850 auf etwa 22 Millionen, in den letzten 70 Jahren aber auf 45 Millionen angewachsen ist, so daß in dieser kurzen Spanne an Körpermasse der Stadt etwa ebensoviel neu geschaffen werden mußte, wie in 700 Jahren vorher. Dazu kommt, daß die alten Stadtgebilde, infolge vollkommener Umwandlung der menschlichen Lebens- und Wirtschaftsverhältnisse den heutigen Bedürfnissen zum größten Teil nicht mehr entsprechen und einer Umgestaltung bedürfen. Wenn aber größtenteils die Ausdehnung der Städte auch schon ihren Höhepunkt für die vor uns liegende Zukunft überschritten haben mag, ist damit die Aufgabe, die sie dem Ingenieur bietet, noch nicht gelöst. Sie ist im Gegenteil dadurch viel schwieriger geworden, daß die entstandenen Gebilde in ungeleiteten, überhasteten und daher größtenteils sehr unbefriedigenden Formen entstanden sind und ihre Umgestaltung aus dem vielfach herrschenden Chaos in zweckmäßige und segensreiche Gebilde schier gigantische Anstrengungen erfordern wird. Sie muß aber erfolgen, wenn wir Volk und Wirtschaft zu höchster Leistung befähigen wollen. Dazu kommt die noch ständig fortschreitende Angliederung neuer Komplexe.

Teils sind es allgemeine Ingenieuraufgaben, wie sie auch auf den anderen Zweiggebieten des Haus-, Wasser-, Straßen- und Eisenbahnbaues vorkommen, die hier zu lösen sind, wie Brückenbauten und dergleichen. Aber andere große Gebietsgruppen liegen abgesondert da. Ich erinnere an die speziell städtischen Typen der Verwaltungs-, Wohn-, Geschäfts- und Fabrikbauten, an Kanalisation, Wasserversorgung Stadtstraßen usw. Weitere Gebilde, wie Bahnhöfe, Häfen und dergleichen sind vom Standpunkt des städtischen Interesses unter einem anderen Gesichtswinkel zu betrachten.

In allen diesen Richtungen klare und sichere Richtlinien für die an jedem Ort infolge anderer Gegebenheiten vielfältig sich variierende Gestaltungstätigkeit zu schaffen, ist Aufgabe der Wissenschaft vom Stadtingenieurwesen.

Außerhalb der eigentlichen Fachkreise ahnen selbst unter den städtischen Einwohnern nur sehr wenige, welche Kapitalien an Geld und Geistesarbeit hier tätig sind. Nur ein Teilgebiet hört man vielfach nennen: „den Städtebau". Man bedient sich seiner aber oft, ohne recht zu wissen, was darunter zu verstehen ist, oft auch, um sich als moderner Mensch zu zeigen, und oft, um mit der nicht immer zutreffenden Begründung, daß dieses oder jenes im städtebaulichen Interesse liege, seinen Vorschlägen und Anträgen die Wege zu ebnen. Liegt darin auch eine erfreuliche Anerkennung der Wichtigkeit des Städtebaus, so ist der Mißbrauch doch auch eine große Gefahr. Es wird der Blick von dem Kern der Aufgabe ab und oft durch Betonung von Nebensächlichkeiten auf falsche Wege gelenkt und der Verfolgung wahrer städtebaulicher Aufgaben werden Hemmungen bereitet. Will man aber auch für den „Städtebau" als Zweigdisziplin des Stadtingenieurwesens klare und feste Grundlagen schaffen und eine Wissenschaft vom Städtebau aufbauen, so muß in erster Linie der Begriff festgelegt und umgrenzt werden.

Fand ich die Kennzeichnung des Ingenieurberufes in der Gestaltung körperlicher Gebilde, so befaßt sich der Stadtingenieur also mit dem Stadtkörper, mit den körperlichen, zum Unterschied von rechtlichen und sonstigen kommunalpolitischen Verhältnissen der Stadt.

Es fragt sich nun, ob der Städtebau alles Körperliche umfaßt, was den Stadtkörper umschließt, bis — extrem gesprochen — zum Schrank in der Wohnung und dem Kanalrohr unter der Straßendecke. Oder läßt sich eine feste und klare Grenze finden?

Sagt man, „Städtebau" heißt Städte bauen", so führt es zu einer freilich ganz irrtümlichen Auffassung, wenn man den Ton auf das Wort „Bauen" legt. In Wirklichkeit baut aber der Städtebauer die Städte gar nicht, sondern er findet nur und schreibt die Richtlinien für ihre Gestaltung vor und ebnet der Ausführung, die oft ohne seine weitere Mitwirkung und vielfach erst nach seinem Tode erfolgt, die Wege (z. B. durch Bodenpolitik und dergl.). Wir müssen vielmehr den Ton auf „Städte" legen: Städtebau heißt „Städte bauen".

Denken wir uns in diesen Begriff hinein, so finden wir, daß zwischen einem Gebilde vieler nebeneinander gelagerter Bauten, wie etwa einem Dorf, wo ein Gehöft ohne innere gegenseitige Beeinflussung neben dem andern liegt, und den „Städten" ein wesentlicher Unterschied besteht. Dieser liegt in der gegenseitigen Abhängigkeit, in welchen in der Stadt sowohl die Menschen in ihrem persönlichen und wirtschaftlichen Dasein als auch die einzelnen Bestandteile des Stadtkörpers zueinander stehen. Wir bezeichnen demgemäß die Stadt als „sozialen Organismus", weil ähnlich, wie im Menschen- oder Tierkörper alle Teile oder Glieder Schaden oder Förderung miterfahren, wenn ein Teil gedeiht oder verdirbt, da jeder eine Funktion im Gesamtbau zu erfüllen hat.

Nicht nur, daß Regsamkeit, Leistungsfähigkeit und Erfolg jedes Einwohners maßgebend ist für seinen Beitrag zu gemeinsamen Lasten, seine Steuerkraft, sondern er gibt dadurch andern Nahrung und Erwerb, liefert ihnen in unserm komplizierten System der Arbeitsteilung bessere und billigere Artikel und zieht finanzielle und geistige, befruchtende und konsumierende (also kaufende) Kreise von auswärts heran und vergrößert dadurch die Chancen für das Gedeihen der Mitbürger.

Damit sei die gegenseitige organische Verbindung und Abhängigkeit der Einwohner untereinander angedeutet.

Sie besteht ebenso für die körperlichen Gebilde. Ein Haus nimmt dem andern Licht und Luft, verbaut ihm den Zugang und kann vor allen Dingen dem Haus, dessen ein anderer für Wohnung und Wirtschaft in ganz bestimmter Lage bedarf, die Baustelle wegnehmen. Im komplizierten Organismus des Stadtkörpers ist es durchaus nicht gleichgültig, ob diese oder jene Werkstatt oder Fabrik, das Geschäft oder die Wohnung für diesen oder jenen Teil der Bewohnerschaft an dieser oder jener Stelle liegt. Sie können dadurch schädigen oder geschädigt werden, wenn sie nicht an dem Punkte, in der „Lage" liegen, in der der einzelne und mit ihm die Gesamtheit die größte Förderung erfährt.

Vergegenwärtigt man sich, daß das Wesen der Stadt als „Stadt" im Kennzeichen des „sozialen Organismus" begründet ist, so umschließt und umgrenzt sich der Begriff „Städtebau" in klarer und eindeutiger Weise. Städtebau treiben heißt dafür sorgen, daß die das Stadtgebilde schaffenden Kräfte, die Gebäude an Gebäude zu setzen streben, ähnlich wie die Strömung im Fluß Korn an Korn zu einer Insel zusammenträgt, in wohlgeregelte Bahnen geleitet werden, damit jeder Teil, jedes Einzelbauwerk an die Stelle kommt, wo sein Inhaber selbst oder dessen Betrieb die günstigste Grundlage findet, um in seiner Leistungsfähigkeit den Gesamtnutzen am meisten zu fördern, und die Form und Lage erhält, in der er sich dem Gesamtkörper am besten eingliedert und so mit ihm zu einem harmonischen Gesamtgebilde vereinigt.

Das Ziel des Städtebaues darf hierbei nicht ein totes Schema oder allein das Streben nach äußerem Schmuck und Schönheit sein, sondern der Mensch in seinem körperlichen, geistigen und wirtschaftlichen Gedeihen als Teil der Gemeinde. ἄνθρωπος μέτρον πάντων: Der Mensch ist das Maß, er steht im Mittelpunkt aller Dinge und unseres Schaffens!. Das gilt hier mehr als irgendwo sonst. „Städtebau" heißt die Stadt so bauen, daß die Einwohner gesund und froh und leistungsfähig heranwachsen und bleiben, daß Handel und Wandel gefördert wird und die Gesamtheit zum Höchstmaß des Erfolges und Glückes befähigt wird, jede Störung infolge des gegenseitigen Abhängigkeit aber auf ein Mindestmaß herabgesetzt und so den Bedürfnissen des Stadtorganismus entsprechend ein organisch aufgebauter Gesamtkörper geschaffen wird.

Suche ich auf Grund dieser Begriffsbestimmung die Grenze nach oben festzulegen, womit der Städtebau sich befassen und was er in seinen Gesichtskreis einbeziehen muß, so dehnt sie sich unabsehbar. Der Hafen, der Bahnhof, die Schlucht und das Gewässer, die als Schmuck und zur Erholung dienen können, alles umfaßt er. Und nicht nur, soweit sie sich heute dem Stadtkörper eingliedern und von ihm umspannt werden, sondern bis in fernste Zukunft muß der Städtebauer vorauszuschauen suchen, damit z. B. ein Gelände, das einmal, sei es auch in fernster Zeit, für einen Hafen, Bahnanlage, angegliederte Industrie (die an diese Verkehrswege gebunden sind) oder dergleichen notwendig sein könnte und in gleicher Geeignetheit an keiner andern Stelle und Lage zum Gesamtorganismus sich findet, nicht für andere weniger wichtige oder an anderen Punkten gleich gut erfüllbare Zwecke vorweg genommen wird.

Nach unten aber finden wir eine scharfe Grenze in der aus der gegenseitigen Abhängigkeit der Einzelglieder sich folgenden gegenseitigen förderlichen oder schädlichen Beeinflussung. Ob jemand seine im großen Park gelegene Villa näher oder ferner der Straße, ob er sie in dieser oder jener Form baut, kann uns vom Standpunkte des Städtebaues gleichgültig sein, sofern sie die Nachbarschaft oder das Gesamtgebilde nicht stört und verschandelt. Ein Haus aber, das neben dem andern liegt, darf ihm nicht Licht und Luft rauben und muß sich auch in Ausbau und Form den andern fein einfügen, damit ein harmonisches Gesamtgebilde den Bewohner erfreut. Denn die äußere Stadtschönheit ist zwar nicht der Inbegriff und Kern, sondern nur ein Teilproblem des Städtebaues, aber sie ist auch wichtig wegen der Hebung der Freude und des Behagens und damit der Leistungsfähigkeit der Bewohner.

Oder ein anderes Beispiel. Es kann dem Städtebauer gleichgültig sein, ob jemand die sonderbarste Innenaufteilung seines Hauses vornimmt, das er mit seiner Familie allein bewohnt, sofern er sich darin wohl fühlt. Aber ein Mietshaus, das Teile der Einwohnerschaft brauchen wie das tägliche Brot, das gewisse Teile der Bürgerschaft beziehen müssen, weil andere Wohnungen nicht frei sind, dessen Innengestaltung aber ihre Leistungsfähigkeit und damit die der Gesamtheit beeinflußt, auf dessen Gestaltung muß der Städtebauer als Sachwalter der Teile der Bürgerschaft, die selbst nicht ihre Interessen geltend machen können, Einfluß nehmen. Der Einzelne kann vier Etagen übereinander türmen, wo es hinpaßt und seinen Wünschen entspricht, aber die viergeschossige Mietskaserne ist unter vielen Umständen zu verpönen.

Somit sehe ich, daß der Städtebau sich mit allen Teilen des Stadtgebietes und mit allen Bestandteilen des Stadtkörpers befassen und sich einen bis zur vollkommenen Klarheit durchdringenden Einblick darüber verschaffen muß, welche Anforderungen an Lage und körperliche Form des Gebildes sich aus den Bedürfnissen der in der Stadt tätigen Menschen und Wirtschaft ergeben. Darin liegt die Wichtigkeit und Schwierigkeit, die er bei der Programmaufstellung, und der Umfang der Arbeit, die er bei der Ausübung dieser ersten Funktion seiner Gestaltungstätigkeit zu erfüllen hat.

Die Ausübung der zweiten Funktion, die Formbildung, findet ihre Grenzen in der Wahrnehmung gemeinsamer und der Ausgleichung widerstreitender Interessen der Einwohnerschaft. Für die Zweckbestimmung der einzelnen Flächen sowie für die Ausführung der einzelnen Bauten wird er danach die großen, gemeinsamen Richtlinien festzulegen haben. Z. B. wird er die Kanalisation oder das Verkehrswesen nur soweit aktiv beeinflussen, als es notwendig ist, um die Ausbildung einwandfreier Netze sicherzustellen. Alle Einzelheiten fallen anderen Sonderdisziplinen des Stadtingenieurwesens zu.

Hochbedeutsam ist aber auch die dritte Funktion des Gestaltens, weil sich der Städtebauer mit starken wirtschaftlichen Eigeninteressen der Bewohnerschaft auseinandersetzen und häufig mit schweren Widerständen und Hemmungen rechnen muß, die sich aus derzeitigen Gegebenheiten in der Verwaltungsorganisation und Gesetzgebung und der Notwendigkeit folgern, die Bürgerschaft, die weitblickende Planungen in ihrem Zukunftswert und ihrer Bedeutung für die Gesamtheit im Gegensatz zu Wünschen des Einzelnen und Bedürfnissen von heute und morgen nicht zu überblicken vermögen, für eine zielbewußte Städtebaupolitik zu gewinnen, und die Bereitstellung der realen und verwaltungstechnischen Hilfsmittel sicherzustellen.

Die Entwicklung der Stadt zum sozialen Organismus, die dem heutigen Städtebau das Gepräge gibt, hat sich erst in neuerer Zeit herausgebildet, wenigstens gegen früher unvergleichlich gesteigert. Bestimmte typische Formen der Gebäude je nach deren Zweck, die Scheidung von Arbeitsstätte, Geschäft und Wohnbau, die Abhängigkeit von der Lage, sind Erscheinungen unserer Zeit. Sie machen sich geltend in der Kleinstadt ebenso wie in der Großstadt, nur daß in ersterer die Probleme einfacher zu bewältigen sind. Deshalb kann man auch die Entwicklung nicht mehr sich selbst überlassen. Jeder Zweck erfordert bestimmte Bautypen. In Schulen und öffentlichen Gebäuden, im Bank- und Geschäftshaus, im Wohnhaus für Klein- und Großwohnung, in Fabrik und Werkstatt bilden sich mehr und mehr verschiedenartige Formtypen heraus. Läßt man sie sich beliebig zusammenlagern, so entsteht das Chaos. Lagert man sie aber dort zusammen, wo ihr gemeinsames gleiches Interesse sie an gleiche Lage bindet, so entwirrt sich die Unordnung. Gleiche und ähnliche Bausteine ergeben leichter ein harmonisches Mosaik, als wenn ich die verschiedensten Gebilde zusammensetzen muß. Auch Gegensätze monumentaler Bauten zur Masse der gleichförmigen Einzelteile lassen sich leichter herstellen und in ihrer Wirkung steigern. So findet in der gesamten Ordnung auch das Streben nach äußerer Schönheit seine beste Grundlage.

So fußt aller Städtebau auf der Feststellung gemeinsamer gleicher Interessen an Lage und Gebäudeform und an der Zuweisung der Stadtgrundflächen bzw. ihrer Offenhaltung für die fernere Zukunft für diese Zwecke. Den Stadtkörper organisieren und gruppieren, seinen Aufbau regeln, das nennt man den Generalbebauungsplan und darin beruht dessen für alle weiteren Arbeiten grundlegende Bedeutung. Er disponiert über die Flächen und setzt zusammengehörige miteinander in Verbindung durch die großen Verkehrsstraßen und gibt dem Gesamtkörper sein Gerippe. Deshalb ist es nicht möglich, wie im Mittelalter schematische und spielerische Grundrisse für die Städte zu wählen in Sternformen usw.

Auf dieser Grundlage kann dann der örtliche Ausbau der Einzelteile erfolgen, die Einteilung in Blocks, die Schaffung von Plätzen und Plätzchen, stillen Wohnstraßen usw., und schließlich überprüft man das Ganze, verschiebt und feilt und sorgt für schmückende Ausstattung geeigneter Punkte.

Bei der Ingenieuraufgabe des Städtebaues spielen die drei Funktionen des Gestaltens eine ganz andere Rolle als auf vielen anderen Gebieten. Soll ich für einen Fabrikbetrieb eine Maschine konstruieren, eine Brücke oder Schleuse im Zuge einer großen Landstraße entwerfen, so liefern der Auftraggeber oder die Erfordernisse des Gesamtwerkes ein eindeutiges Programm. Dagegen weist jede andere Stadt andere örtliche Verhältnisse und Gegebenheiten auf, hat anderen Charakter, andere Industrie, andere Zusammensetzung verschiedener Bewohnerschichten und wirtschaftliche Grundlagen. Die verschiedensten menschlichen und wirtschaftlichen Interessen stehen neben- und oft gegeneinander. Alle wirtschaftlichen, hygienischen, psychischen, kulturellen Bedürfnisse muß der Städtebauer kennen und beherrschen, ihre Wichtigkeit zu wägen und daraus eine Formbildung zu entwickeln verstehen, die sie zu einer Bestlösung in wirtschaftlicher Beziehung und einem harmonischen Ganzen zusammenwachsen läßt. Nie ist sein Werk fertig. Das Leben und seine Bedürfnisse wandeln sich, wenn auch kein Wachstum stattfindet und haben Neugestaltungen im Gefolge. Stets ist von neuem das Programm und aus ihm die Form zu entwickeln. Nie kann er sein Werk fertig sehen, kaum es je selbst ausführen. Sondern in zähem Hinarbeiten auf das richtig erkannte und demgemäß gesteckte Ziel, durch Verwaltungsmaßnahmen, Bodenpolitik, Einflußnahme auf Steuerfragen muß er der Durchführbarkeit seiner Pläne die Wege ebnen. Das alles faßt man unter dem Begriff der Stadtbaupolitik zusammen. Auch sie ist an Grenzen der Möglichkeit, der Machtbefugnisse, die die Gesetzgebung regelt, und an staatspolitische Gegebenheiten gebunden. Das alles muß der Städtebauer überblicken, um es in Rechnung stellen zu können, denn der schönste Plan ist wertlos, wenn er sich als undurchführbar erweist.

Somit kann man sagen, daß in vieler Hinsicht der Städtebau die höchsten Ansprüche an die Ingenieurtätigkeit stellt.

GENAUIGKEIT DER DIAGONALEN IN DREIECKSKETTEN.

Von Dr. M. Näbauer, Karlsruhe i. B.

Die Ausgleichung weit ausgedehnter Dreiecksnetze in einem Guß ist eine äußerst mühsame und zeitraubende Arbeit. Deshalb begnügt man sich vielfach damit, die einzelnen Teile des in passender Weise zerlegten Netzes für sich auszugleichen und nachträglich zu einem Ganzen zusammenzufügen. Damit dies ohne Widerspruch gelingt, müssen die längs der gemeinsamen Netzgrenzen bestehenden Anschlußbedingungen aus den schon ausgeglichenen Netzteilen in die erst zu behandelnden übernommen werden. Ein solches Verfahren spart zwar ganz erheblich an Zeit, aber sein innerer Wert wird durch die aus den Zwangsanschlüssen folgenden Einseitigkeiten vielfach stark beeinträchtigt.

Ein anderes abkürzendes Näherungsverfahren, welches unter Vermeidung innerer Zwangsanschlüsse das Gesamtgefüge prinzipiell gleichartig behandelt, besteht darin, das ganze Netz in einzelne, annähernd gleichwertige Dreiecksverbindungen aufzulösen, welche durch die zwischen ihren Endpunkten verlaufenden Diagonalen ersetzt werden. So entsteht ein sehr viel einfacheres, grundlegendes Gerippe, nämlich ein Polygonnetz, dessen durch Rechnung gefundene Seiten und Seitenrichtungen bzw. Polygonwinkel einer Ausgleichung zu unterziehen sind. Nach deren Erledigung werden die einzelnen Netzteile unter Vornahme geringer Maßstabänderungen so in das ausgeglichene Gerippe eingepaßt, daß die Diagonalenendpunkte auf die entsprechenden, endgültig festliegenden Polygonpunkte zu liegen kommen.

Zur Durchführung der erwähnten Ausgleichung braucht man die Gewichte, also auch die **mittleren Fehler der einzelnen Diagonalen sowie diejenigen ihrer Richtungen bzw. der von ihnen eingeschlossenen Polygonwinkel**[1]). Diese Genauigkeitsmaße ergeben sich gelegentlich der strengen Ausgleichung der einzelnen Netzteile nach einem ganz bestimmten Rechnungsgang ohne theoretische Schwierigkeiten. Aber die strenge rechnerische Gewichtsbestimmung ist geometrisch undurchsichtig und meistens doch so umständlich, daß man in praktischen Fällen unter Anlehnung an typische Netzformen die Gewichte vielfach durch bloße Schätzung

der Winkel α_u, α_{u+1}, ..., α_v vereinigt sind, so daß man von einem mehrfachen Punkte sprechen kann. Im Dreieck Δ_i, welches bei P_i den Polygonwinkel α_i faßt, möge der vorhergehenden Polygonseite stets der Winkel β_i, der folgenden b_i mit dem Richtungswinkel φ_i aber der Winkel γ_i gegenüberliegen. Die Dreieckswinkel α, β, γ sind **ausgeglichene Werte, welche aus den unmittelbaren, gleich genauen Beobachtungen α'', β'', γ'' durch gleichmäßige Verteilung der Dreieckswidersprüche hervorgegangen sind**.

Der Zugpunkt P_i habe nun in irgend einem allgemeinen System die rechtwinkligen Koordinaten x_i, y_i, während die Koordinaten des Kettenendpunktes P_{n+1} zur Abkürzung schlechthin mit x, y bezeichnet werden sollen. Mit der fest-

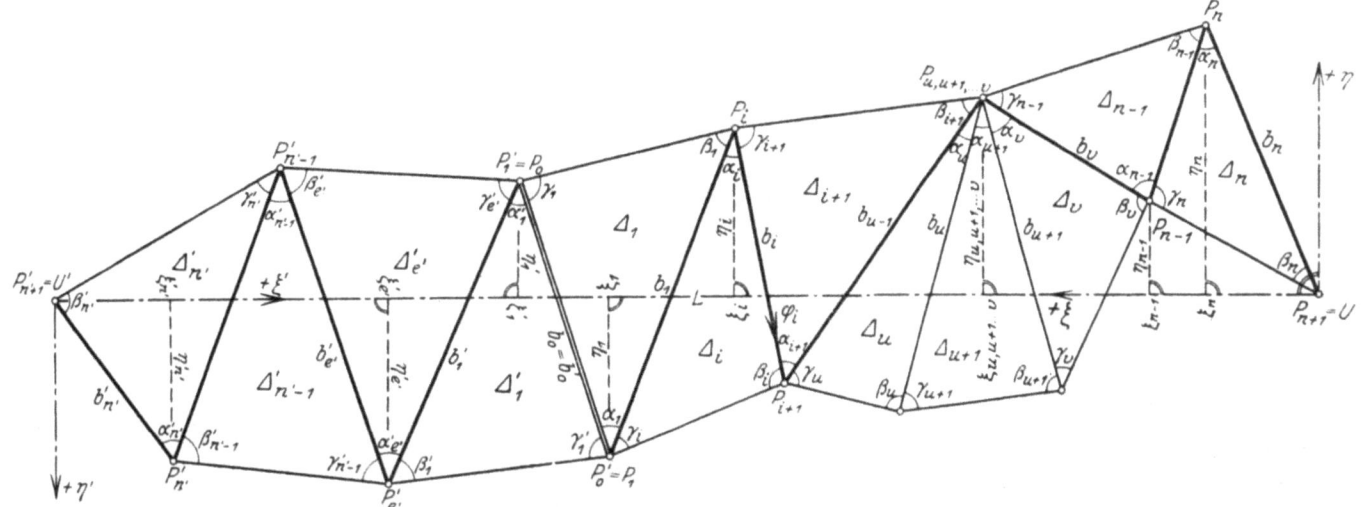

Abb. 1. Koordinatenfehler eines Punktes der Dreieckskette. Längen- und Richtungsfehler der Kettendiagonalen.

oder einfache Näherungsberechnungen bestimmt[2]). Besonders häufig sind nun die Teilnetze Dreiecksketten im engeren Sinne des Wortes, d. h. Dreiecksverbindungen, in denen eine Seite aus einer anderen nur auf einem ganz bestimmten, einzigen Wege berechnet werden kann. In solchen Fällen aber ist es, wie hernach gezeigt werden soll, möglich, die gesuchten mittleren Fehler auf einem auch geometrisch anschaulichen graphisch-analytischen Wege in aller Strenge zu ermitteln, ohne daß über die Form der einzelnen Dreiecke Voraussetzungen getroffen werden müßten.

Koordinatenfehler eines Punktes der Dreieckskette.

In Abb. 1, deren linker Teil zunächst wegzudenken ist, bedeutet $P_0 P_1$ eine nach Richtung und Länge fehlerfrei festliegende Dreiecksseite, von welcher aus eine aus den Dreiecken Δ_1, Δ_2, ..., Δ_n zusammengefügte Kette bis zu einem Punkte P_{n+1} hinzieht. Diesen Endpunkt der Kette denken wir uns mit ihrem Anfangspunkt P_0 durch einen Polygonzug $P_0 P_1 P_2 \ldots P_i \ldots P_n P_{n+1}$ verbunden, dessen Strecken die je zwei aufeinander folgenden Dreiecken gemeinsamen Dreiecksseiten sind. Als Polygonwinkel treten aber teils links, teils rechts vom Zuge liegenden Dreieckswinkel α, manchmal auch Summen einzelner α auf. Letzteres trifft z. B. für den Punkt $P_{u, u+1, \ldots, v}$ zu, in dem die Scheitel P_u, P_{u+1}, ..., P_v

[1]) Für die Bauingenieurtechnik gewinnen solche Fehlerermittlungen Bedeutung, wenn es sich etwa darum handelt, auf Grund einer bestimmten Netzform die beim Bau eines langen Tunnels zu befürchtenden mittleren Durchschlagsfehler anzugeben.
[2]) Die näherungsweise Ermittlung der Fehler von Netzdiagonalen ist schon mehrfach behandelt worden. Besonders sei verwiesen auf a) *Helmert, R.*, Lotabweichungen, Heft I, Berlin 1886, S. 68—73; b) *Simon, P.*, Gewichtsbestimmungen für Seitenverhältnisse in schematischen Dreiecksnetzen, Berlin 1889; c) *Börsch, A.* und *Krüger, L.*, die Europäische Längengradmessung in 52°. Breite, II. Heft, Berlin 1896, S. 153—167; d) *Krüger, L.*, Beiträge zur Berechnung von Lotabweichungssystemen, Leipzig 1898, S. 32—57; e) *Krüger, L.*, Lotabweichungen, Heft V, Berlin 1916, S. 65—80.

gesetzten Bezeichnungsweise findet man an Hand von Abb. 1 leicht den analytischen Ausdruck:

$$x = x_1 + \sum_1^{u-1} \Delta x_i + \sum_v^n \Delta x_i = x_1 + \sum_{1, v}^{u-1, n} b_i \cos \varphi_i \quad \ldots \text{(1}$$

welcher auf den Koordinatenfehler:

$$dx = \sum_{1, v}^{u-1, n} \Delta x_i \frac{d b_i}{b_i} - \sum_{1, v}^{u-1, n} \Delta y_i \, d \varphi_i^0 \quad \ldots \ldots \text{(2}$$

führt, wenn $d b_i$ und $d \varphi_i^0$ die Fehler in der Länge und Richtung der Seite b_i bedeuten. Sind $d \alpha_e^0$, $d \beta_e^0$, $d \gamma_e^0$ die bestimmten Fehler der ausgeglichenen Dreieckswinkel im e-ten Dreieck und bedenkt man, daß die Seite b_i aus b_0 durch fortgesetzte Anwendung des Sinussatzes hergeleitet werden kann und ihr Richtungswinkel den Ausdruck:

$$\varphi_i = \varphi_0 + \sum_1^i \pm \alpha_e + C \quad \ldots \ldots \ldots \text{(3}$$

ist, so ergeben sich, da φ_0 und C Festwerte bedeuten, leicht die Beziehungen:

$$\frac{d b_i}{b_i} = - \sum_1^i \operatorname{ctg} \beta_e \, d \beta_e^0 + \sum_1^i \operatorname{ctg} \gamma_e \, d \gamma_e^0, \quad \ldots \text{(4}$$

$$d \varphi_i^0 = \sum_1^i \pm d \alpha_e^0 \quad \ldots \ldots \ldots \ldots \text{(5}$$

Ein für allemal sei bemerkt, daß das obere bzw. das untere Vorzeichen gilt, je nachdem die zu gehörige Winkel α auf der linken bzw. auf der rechten Seite des Polygonzugs $P_0 P_1 P_2 \ldots P_{n+1}$ liegt. Setzt man die Gleichungen (4) und (5) in (2) ein, so erhält man für den Abszissenfehler des Kettenendpunktes den Ausdruck:

$$dx = \sum_{1,v}^{u-1,n} \Delta x_i \left\{ -\left[\sum_1^i \operatorname{ctg}\beta_e \, d\beta_e^0\right] + \left[\sum_1^i \operatorname{ctg}\gamma_e \, d\gamma_e^0\right]\right\}$$
$$- \sum_{1,v}^{u-1,n} \Delta y_i \left\{\left[\sum_1^i \pm d\alpha_e^0\right]\right\}, \quad (6)$$

welcher durch Ordnen nach den Winkeldifferentialen die Form:

$$dx = d\beta_1^0 \operatorname{ctg}\beta_1 \left\{\frac{-\Delta x_1 - \Delta x_2 - \Delta x_{u-1} - \Delta x_v - \cdots - \Delta x_n}{-(x-x_1)}\right\} + d\beta_2^0 \operatorname{ctg}\beta_2 \left\{\frac{-\Delta x_2 - \Delta x_3 - \cdots - \Delta x_{u-1} - \Delta x_v - \cdots - \Delta x_n}{-(x-x_2)}\right\}$$
$$+ d\beta_i^0 \operatorname{ctg}\beta_i \left\{\frac{-\Delta x_i - \cdots - \Delta x_{u-1} - \Delta x_v - \cdots - \Delta x_n}{-(x-x_i)}\right\} + \cdots + d\beta_{u-1}^0 \operatorname{ctg}\beta_{u-1} \left\{\frac{-\Delta x_{u-1} - x_v - \cdots - \Delta x_n}{-(x-x_{u-1})}\right\}$$
$$+ d\beta_u^0 \operatorname{ctg}\beta_u \left\{\frac{-\Delta x_v - \cdots - \Delta x_n}{-(x-x_u)}\right\} + d\beta_{u+1}^0 \operatorname{ctg}\beta_{u+1} \left\{\frac{-\Delta x_v - \cdots - \Delta x_n}{-(x-x_{u+1})}\right\} + \cdots$$
$$+ d\beta_v^0 \operatorname{ctg}\beta_v \left\{\frac{-\Delta x_v - \cdots - \Delta x_n}{-(x-x_v)}\right\} + d\beta_{v+1}^0 \operatorname{ctg}\beta_{v+1} \left\{\frac{-\Delta x_{v+1} - \cdots - \Delta x_n}{-(x-x_{v+1})}\right\} + \cdots + d\beta_n^0 \operatorname{ctg}\beta_n \left\{\frac{-\Delta x_n}{-(x-x_n)}\right\}$$
$$+ d\gamma_1^0 \operatorname{ctg}\gamma_1 (x-x_1) + \cdots \mp d\alpha_1^0 (y-y_1) \pm \cdots \quad (7)$$

annimmt. Nach Einführung von Summenzeichen ergibt sich die einfache Gestalt

$$dx = -\sum_{i=1}^n \operatorname{ctg}\beta_i (x-x_i) d\beta_i^0 + \sum_{i=1}^n \operatorname{ctg}\gamma_i (x-x_i) d\gamma_i^0$$
$$\mp \sum_{i=1}^n (y-y_i) d\alpha_i^0. \quad (8)$$

Da nach der gleichmäßigen Verteilung des Dreieckswiderspruchs der ausgeglichene Winkel

$$\alpha_i = \frac{2}{3}\alpha_i'' - \frac{1}{3}\beta_i'' - \frac{1}{3}\gamma_i'' + 60^\circ \quad \ldots \quad (9)$$

ist und Entsprechendes auch für β_i und γ_i gilt, so erhält man die in (8) auftretenden Fehler $d\alpha_i^0$, $d\beta_i^0$, $d\gamma_i^0$ der ausgeglichenen Dreieckswinkel leicht als Funktionen der bestimmten Fehler $d\alpha_i$, $d\beta_i$, $d\gamma_i$ in den unmittelbar beobachteten Dreieckswinkeln α_i'', β_i'', γ_i''. Es ergeben sich die Ausdrücke:

$$\left.\begin{array}{l} d\alpha_i^0 = \frac{2}{3} d\alpha_i - \frac{1}{3} d\beta_i - \frac{1}{3} d\gamma_i, \\ d\beta_i^0 = -\frac{1}{3} d\alpha_i + \frac{2}{3} d\beta_i - \frac{1}{3} d\gamma_i, \\ d\gamma_i^0 = -\frac{1}{3} d\alpha_i - \frac{1}{3} d\beta_i + \frac{2}{3} d\gamma_i, \end{array}\right\} \ldots (10)$$

deren Einführung in Gleichung (8) den bestimmten Abszissenfehler des Kettenendpunktes:

$$dx = \sum_1^n \left\{\frac{1}{3}(x-x_i)\operatorname{ctg}\beta_i - \frac{1}{3}(x-x_i)\operatorname{ctg}\gamma_i \mp \frac{2}{3}(y-y_i)\right\} d\alpha_i$$
$$+ \sum_1^n \left\{-\frac{2}{3}(x-x_i)\operatorname{ctg}\beta_i - \frac{1}{3}(x-x_i)\operatorname{ctg}\gamma_i \pm \frac{1}{3}(y-y_i)\right\} d\beta_i$$
$$+ \sum_1^n \left\{\frac{1}{3}(x-x_i)\operatorname{ctg}\beta_i + \frac{2}{3}(x-x_i)\operatorname{ctg}\gamma_i \pm \frac{1}{3}(y-y_i)\right\} d\gamma_i \quad (11)$$

in seiner endgültigen Form als unmittelbare Funktion der Beobachtungsfehler liefert.

In ganz entsprechender Weise oder einfacher durch eine Drehung des Koordinatensystems um 90° findet man auch den bestimmten Ordinatenfehler des Kettenendpunktes, nämlich:

$$dy = \sum_1^n \left\{\frac{1}{3}(y-y_i)\operatorname{ctg}\beta_i - \frac{1}{3}(y-y_i)\operatorname{ctg}\gamma_i \pm \frac{2}{3}(x-x_i)\right\} d\alpha_i$$
$$+ \sum_1^n \left\{-\frac{2}{3}(y-y_i)\operatorname{ctg}\beta_i - \frac{1}{3}(y-y_i)\operatorname{ctg}\gamma_i \mp \frac{1}{3}(x-x_i)\right\} d\beta_i$$
$$+ \sum_1^n \left\{\frac{1}{3}(y-y_i)\operatorname{ctg}\beta_i + \frac{2}{3}(y-y_i)\operatorname{ctg}\gamma_i \mp \frac{1}{3}(x-x_i)\right\} d\gamma_i. \quad (12)$$

Tritt an Stelle der bestimmten Winkelfehler $d\alpha$, $d\beta_i$, $d\gamma_i$ der mittlere Fehler μ ($\widehat{\mu}$ in Bogenmaß) der gleich genauen Beobachtungen, so erhält man nach dem bekannten mittleren Fehlergesetz aus dx und dy leicht die für den Kettenendpunkt zu befürchtenden mittleren Koordinatenfehler m_x und m_y. Es wird nämlich:

$$m_x^2 = \frac{2}{3}\widehat{\mu}^2 \sum_1^n \{(p_i^2 + p_i q_i + q_i^2)(x-x_i)^2$$
$$\mp (p_i - q_i)(x-x_i)(y-y_i) + (y-y_i)^2\}, \quad (13)$$

$$m_y^2 = \frac{2}{3}\widehat{\mu}^2 \sum_1^n \{(p_i^2 + p_i q_i + q_i^2)(y-y_i)^2$$
$$\pm (p_i - q_i)(x-x_i)(y-y_i) + (x-x_i)^2\}, \quad (14)$$

wenn die Abkürzungen:

$$p_i = \operatorname{ctg}\beta_i, \quad q_i = \operatorname{ctg}\gamma_i \ldots \ldots (15)$$

Verwendung finden. Zur Vereinfachung dienen auch die weiteren Abkürzungen

$$\sigma_i = \sqrt{p_i^2 + p_i q_i + q_i^2} \text{ und } \tau_i = p_i - q_i \ldots (16)$$

Nun machen wir noch den Kettenendpunkt P_{n+1} zum Ursprung U eines allgemeinen Hilfskoordinatensystems (ξ, η), dessen Achsen zu denjenigen des Hauptsystems entgegengesetzt parallel laufen. Der Zugpunkt P_i wird hierin die Koordinaten

$$\xi_i = x - x_i, \quad \eta_i = -(y_i - y) = y - y_i \ldots (17)$$

besitzen, so daß die unter (13) und (14) stehenden mittleren Fehlerquadrate schließlich die Form:

$$m_x^2 = \frac{2}{3}\widehat{\mu}^2 \sum_1^n \{\sigma_i^2 \xi_i^2 \mp \tau_i \xi_i \eta_i + \eta_i^2\}, \ldots (18)$$

$$m_y^2 = \frac{2}{3}\widehat{\mu}^2 \sum_1^n \{\sigma_i^2 \eta_i^2 \pm \tau_i \xi_i \eta_i + \xi_i^2\} \ldots (19)$$

annehmen. Dieses Ergebnis bleibt auch erhalten, wenn man in letzten Dreieck $\triangle_n$ mittels der dritten Seite von dem dann nach P_{n-1} fallenden Punkt P_n auf P_{n+1} übergeht.

Liegt nun die Dreieckskette gezeichnet vor, so kann man der bildlichen Darstellung nicht nur unmittelbar die Koordinaten ξ_i, η_i, sondern mittels einer einfachen Konstruktion auch die Werte σ_i, τ_i als Längen entnehmen. Zieht man nämlich in jedem Dreieck zur Gegenseite des Winkels α eine Parallele, deren senkrechter Abstand vom Scheitel des genannten Winkels die Längeneinheit ist, so wird die gezogene Gerade die beiden anderen Dreiecksseiten in zwei Punkten B, C (Abb. 2a, b) schneiden, welche der vorhergehenden bzw. der folgenden Dreiecksseite gegenüber liegen. Die Verbindungsstrecke BC aber ist die Summe p + q, welche durch den Fußpunkt F der durch den Scheitel von α gehenden Dreieckshöhe in ihre an B bzw. C anliegenden Bestandteile p und q zerlegt wird. Außerdem ist der Abstand des Höhenfußpunktes F vom Mittelpunkt M der Strecke BC der Wert $1/2\,\tau$, der für die Punktfolge BMF bzw. CMF positiv bzw. negativ zu nehmen ist.

$$m_{x'}^2 = \frac{2}{3}\hat{\mu}^2 \sum_1^{n'} \{\sigma_i'^2 \xi_i'^2 \mp \tau_i' \xi_i' \eta_i' + \eta_i'^2\}, \ldots \quad (20)$$

$$m_{y'}^2 = \frac{2}{3}\hat{\mu}^2 \sum_1^{n'} \{\sigma_i'^2 \eta_i'^2 \pm \tau_i' \xi_i' \eta_i' + \xi_i'^2\} \ldots \quad (21)$$

bestimmt sind. Da die beiden Teilketten vollständig voneinander unabhängig sind, so ergeben sich die mittleren Fehler $m_{\Delta x}$, $m_{\Delta y}$ der Koordinatenunterschiede Δx, Δy beider Kettenendpunkte P_{n+1} und $P'_{n'+1}$, indem man ihre Koordinatenfehler m_x und $m_{x'}$ bzw. m_y und $m_{y'}$ jeweils nach dem mittleren Fehlergesetz vereinigt. Man erhält so die mittleren Fehlerquadrate:

$$m^2_{\Delta x} = m_x^2 + m_{x'}^2 = \frac{2}{3}\hat{\mu}^2 \left[\sum_1^n \{\sigma_i^2 \xi_i^2 \mp \tau_i \xi_i \eta_i + \eta_i^2\} + \sum_1^{n'} \{\sigma_i'^2 \xi_i'^2 \mp \tau_i' \xi_i' \eta_i' + \eta_i'^2\}\right] \ldots \quad (22)$$

$$m^2_{\Delta y} = m_y^2 + m_{y'}^2 = \frac{2}{3}\hat{\mu}^2 \left[\sum_1^n \{\sigma_i^2 \eta_i^2 \pm \tau_i \xi_i \eta_i + \xi_i^2\} + \sum_1^{n'} \{\sigma_i'^2 \eta_i'^2 \pm \tau_i' \xi_i' \eta_i' + \xi_i'^2\}\right] \ldots \quad (23)$$

Zur Bestimmung von σ endlich beschreibt man über BC als Durchmesser einen Kreis K, welcher von der schon erwähnten Dreieckshöhe 1 die Halbsehne FT = s abschneidet, falls — wie in Abb. 2a angenommen — F in die Strecke BC hineinfällt. Schneidet man nun von C aus mit der abzugreifenden Strecke s auf K den Punkt S aus, so gibt die Ent-

Diese Ausdrücke gelten für jede beliebige Lage des Koordinatensystems, also auch für den Fall, daß die X-Achse parallel zur Kettendiagonale L liegt. Bei dieser Annahme aber fallen die jeweils auf den anderen Ursprung gerichteten Achsen $+\xi$, $+\xi'$ der Hilfssysteme U, U' in die Diagonale L, wie es in Abb. 1 dargestellt ist, und unter diesen Verhältnissen folgen aus (22) und (23) die besonderen Werte:

$$m_{\Delta x} = m_L, \qquad m_{\Delta y} = m_q, \ldots \quad (24)$$

wenn m_L den mittleren Längenfehler der Diagonale bedeutet, während m_q die mittlere Querverschwenkung des einen Diagonalenendpunktes gegen den anderen bezeichnet. Der entsprechende mittlere Richtungsfehler m_φ (Fehler im Richtungswinkel φ) der betrachteten Diagonale wird also

$$m_\varphi = \varrho'' \frac{m_q}{L} \ldots \quad (25)$$

Liegen die beiden Diagonalenendpunkte in der gleichen Teilkette, führt also z. B. die Diagonale von P_i (Abb. 1, rechte Hälfte) nach P_{n+1}, so lassen sich die Diagonalenfehler in folgender Weise bestimmen. Man ermittelt zunächst unter der Annahme, daß die der Strecke P_0P_1 hier entsprechende Seite P_iP_{i+n} der Richtung φ_i und der Länge b_i nach fehlerfrei festliege, nach (18) und (19) die mittleren Koordinatenfehler m_x, m_y des Endpunktes P_{n+1}, indem man U wieder nach P_{n+1}, die ξ-Achse aber in die Diagonale $P_{n+1}P_i$ legt. Nun ist

$$m\,b_i = \hat{\mu}\,b_i\sqrt{\frac{2}{3}\sum_1^i(p_e^2 + p_e q_e + q_e^2)} = \hat{\mu}\,b_i\sqrt{\frac{2}{3}\sum_1^i \sigma_e^2} \quad (26)$$

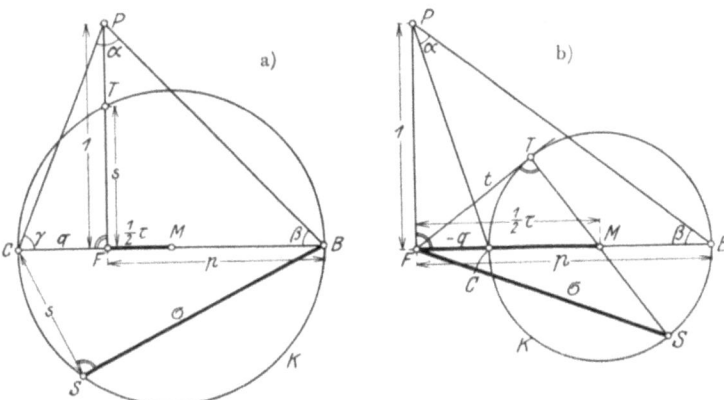

Abb. 2. Zeichnerische Ermittlung der Hilfsgrößen p, q, σ, τ.

fernung BS den Wert σ an. Liegt, wie in Abb. 2b, der Fußpunkt F außerhalb BC, so braucht man nur den vom Tangentenberührungspunkt T ausgehenden Durchmesser TS zu ziehen, dessen anderer Endpunkt S von F um das gesuchte σ absteht.

2. Längenfehler und Richtungsfehler der Kettendiagonalen.

Handelt es sich um die Fehler einer Kettendiagonale L (Abb. 1), deren Endpunkte P_{n+1}, $P'_{n'+1}$ sich auf verschiedenen Seiten einer nach Länge und Richtung festliegenden Dreiecksseite P_0P_1 befinden, so zerlegt man die ganze Kette durch diese Seite in zwei Teilketten, deren eine — in Abb. 1 die rechte — die bisherigen Bezeichnungen trägt, von denen die ganz entsprechend gehaltenen Bezeichnungen des andern Teils — links in Abb. 1 — durch ' unterschieden werden.

Die Anwendung der Formeln (18) und (19) auf den rechten Teil der Kette ergibt die Quadrate der mittleren Koordinatenfehler m_x, m_y des Kettenendpunktes P_{n+1}, während die entsprechenden Werte $m_{x'}$, $m_{y'}$ des anderen Endpunktes $P'_{n'+1}$ durch die Ausdrücke:

der leicht zu berechnende mittlere absolute Längenübertragungsfehler der aus b_0 abgeleiteten Seite b_i, welcher auf

$$\frac{L}{b_i} m_{(b)} = \hat{\mu}\,L \sqrt{\frac{2}{3}\sum_1^i \sigma_e^2}$$

vergrößert, in die Diagonale L eingeht. Der mittlere Richtungsübertragungsfehler von b_0 bis b_i aber wird:

$$m_{\varphi_i} = \mu\sqrt{\frac{2}{3}i}, \ldots \quad (27)$$

so daß man zur Berechnung des mittleren Längenfehlers m_L und des mittleren Richtungsfehlers m_φ der Diagonale P_iP_{n+1} die Ausdrücke:

$$m_L^2 = m_x^2 + \frac{2}{3}\widehat{\mu}^2 L^2 \sum_1 \sigma_e^2 \quad \ldots \quad (28$$

$$m_q^2 = \left(\varrho'' \frac{m_y}{L}\right)^2 + \frac{2}{3} i \mu^2 \quad \ldots \quad (29$$

erhält.

Bisher war stets angenommen worden, daß die nach Richtung und Länge festliegende Seite b_0 eine zwei aufeinanderfolgenden Dreiecken gemeinsame Seite sei. Häufig ist aber b_0 die Außenseite eines den nach beiden Seiten abgehenden Teilketten gemeinsamen Dreiecks $P_0 P_1 N$ (Abb. 3), dessen Fehler beide Dreiecksverbindungen beeinflussen, so daß zwischen diesen eine geringe Abhängigkeit entsteht. In den Diagonalenfehlern macht sie sich nur geltend, wenn die Diagonalenendpunkte wieder in zwei verschiedenen Teilketten liegen. Dann wird nämlich, wenn m_x, m_y, m_x', m_y' die wie früher (U in P_{n+1}, U' in $P'_{n'+1}$) aus (18) bis (21) ermittelten Koordinatenfehler der Diagonalenendpunkte in der Diagonalenrichtung und senkrecht dazu bedeuten,

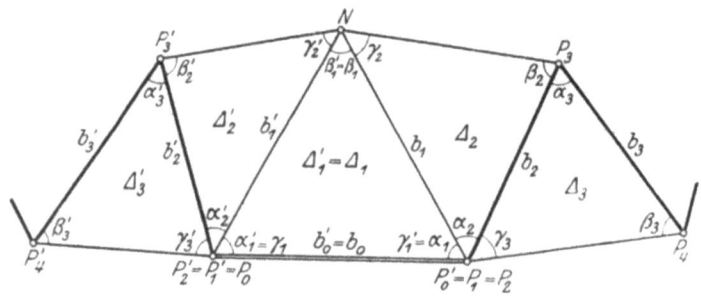

Abb. 3. Zwei Teilketten mit einem gemeinsamen Anfangsdreieck $P_0 P_1 N$.

$$m_L^2 = m_x^2 + m_{x'}^2 + \frac{2}{3}\widehat{\mu}^2 \{(1 - 2[q_1 q_1' - p_1^2]) \xi_1 \xi_1'$$
$$\mp (p_1 + 2 q_1) \xi_1 \eta_1' \mp (p_1 + 2 q_1') \xi_1' \eta_1 - \eta_1 \eta_1'\}, \ldots 30$$

$$m_q^2 = m_y^2 + m_{y'}^2 + \frac{2}{3}\widehat{\mu}^2 \{1 - 2[q_1 q_1' - p_1^2]) \eta_1 \eta_1'$$
$$\pm (p_1 + 2 q_1) \xi_1' \eta_1 \pm (p_1 + 2 q_1') \xi_1 \eta_1' - \xi_1 \xi_1'\} \ldots (31$$

Während Gleichung (30) auf den mittleren Längenfehler m_L der Diagonale führt, erhält man ihren mittleren Richtungsfehler m_q aus (25), wenn man dort den aus (31) errechneten Wert der Querverschiebung m_q einsetzt. Befinden sich hingegen beide Diagonalenendpunkte in der gleichen Teilkette, so ändert sich gegen früher nichts und es führen wieder die Gleichungen (28) und (29) zum Ziel.

3. Fehler der Diagonalenabgangswinkel.

Von besonderer Bedeutung sind die mittleren Fehler der Diagonalenabgangswinkel, d. h. derjenigen Winkel λ_1, ν_1 und λ_n, ν_n (Abb. 4), welche die Diagonale $P_0 P_{n+1}$ in den Dreiecken $\triangle_1$ und $\triangle_n$ mit den von ihren Endpunkten auslaufenden Dreiecksseiten einschließt. Soll z. B. der Fehler des in der Abbildung mit λ_1 bezeichneten Winkels gefunden werden

so wird man seinen nicht in die Diagonale fallenden Schenkel zur festliegenden Seite $P_0 P_1$ machen. An welcher Stelle der Kette sich in Wirklichkeit eine festliegende Seite befindet, ist gleichgültig, da ja die Winkel der Kette weder durch eine Drehung noch durch eine Maßstabänderung derselben beeinflußt werden. Von der erwähnten Seite $P_0 P_1$ ausgehend, erhält man nach den früher angegebenen Gesichtspunkten den zum Diagonalenendpunkt führenden Polygonzug, in Abb. 4 den Zug $P_0 P_1 P_2 P_{3,4} P_5 P_6 P_{n+1}$. Nunmehr ist nach Gl. (19) der Ordinatenfehler m_y des Punktes P_{n+1} senkrecht zur Diagonale zu ermitteln, wozu der Ursprung U des Hilfssystems nach P_{n+1} und die $+ \xi$-Achse in die Diagonale $P_{n+1} P_0$ gelegt wird. Da das so errechnete m_y die Querverschwenkung des Diagonalenendpunktes angibt, so bezeichnet der Ausdruck:

$$m_{\lambda_1} = \varrho'' \frac{m_y}{L} \quad \ldots \quad (32$$

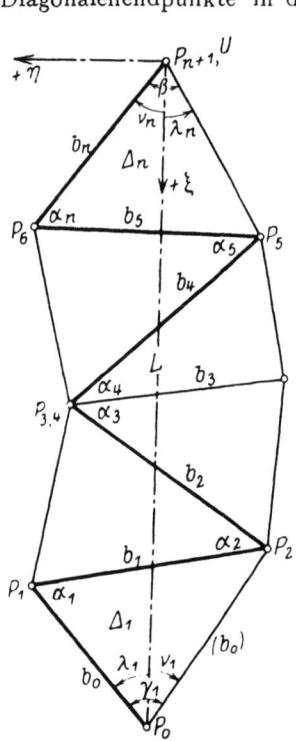

Abb. 4. Mittlere Fehler der Diagonalabgangswinkel.

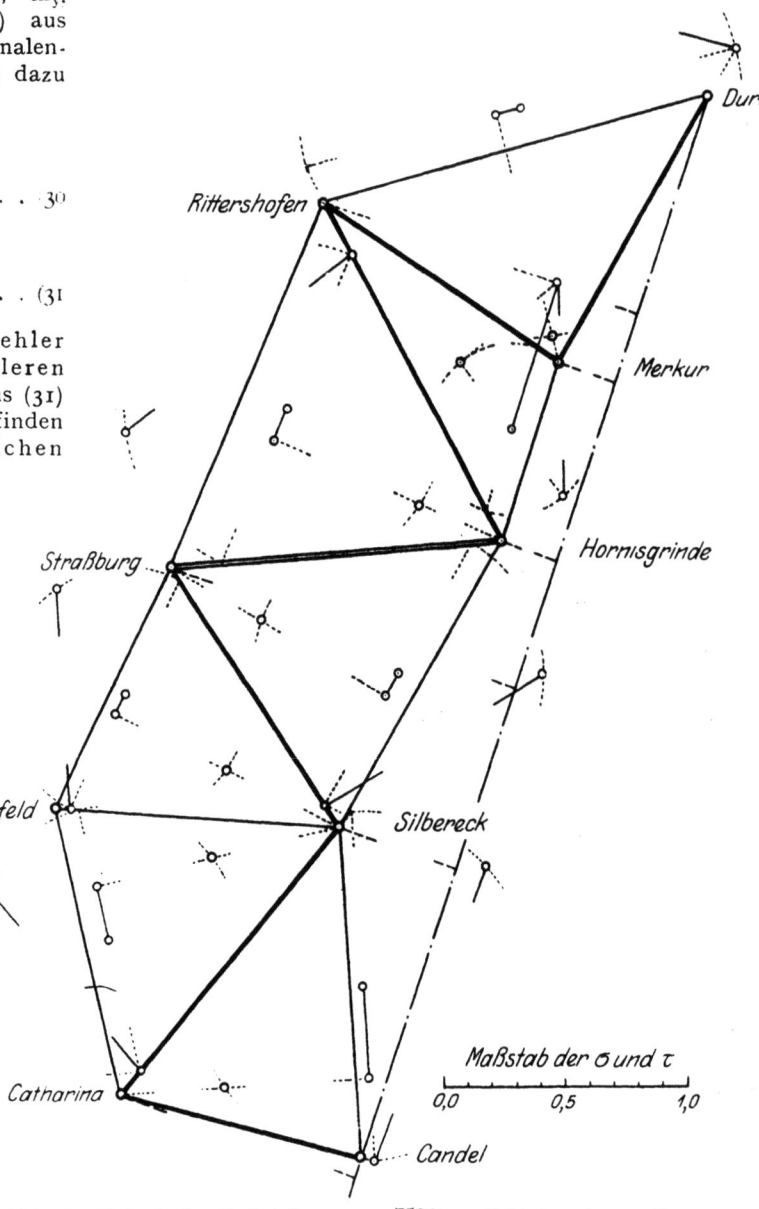

Abb. 5. Maßstab der Dreieckskette = 1 : 750000. Fehlerberechnung für die Diagonale Durlach-Candel.

den mittleren Fehler des Diagonalenabgangswinkels in Sekunden. Auch hier kann man im letzten Dreieck die dritte Seite als Polygonseite benützen, ohne daß sich am Ergebnis etwas ändert.

In ganz entsprechender Weise lassen sich auch die Fehler der übrigen Diagonalenabgangswinkel berechnen, wobei die vorher ermittelten Zahlen größtenteils wieder benützt werden können.

4. Beispiel.

Zur Erläuterung mögen die abgeleiteten Formeln auf die Diagonale Durlach—Candel im badischen Hauptdreiecksnetz unter der Voraussetzung angewendet werden, daß die ganze Ausgleichung der zwischen den Diagonalenendpunkten liegenden Dreieckskette in einer gleichmäßigen Verteilung der Dreieckswidersprüche bestehe.

Zur Bestimmung des mittleren Längenfehlers m_L und des Richtungsfehlers m_φ der Diagonale muß man wissen, welche Seite als fehlerfrei zu betrachten ist. Wir treffen für dieses Beispiel die willkürliche Annahme, daß in der aus sieben Dreiecken bestehenden Kette zwischen den Diagonalenendpunkten die Seite Straßburg—Hornisgrinde (Abb. 5) nach Länge und Richtung fehlerfrei festliege. Von hier aus führt nun ein erster Teilzug nordöstlich nach Durlach und ein zweiter, dem die mit versehenen Größen zugehören, südlich nach Candel. Diese beiden nach früheren Angaben festgelegten Züge, in deren Endpunkte Durlach und Candel die Punkte U und U' fallen, sind in der Abbildung durch dickeren Strich hervorgehoben. Die in die Diagonale fallenden Hilfsachsen $+\xi$ und $+\xi'$ sind von Candel nach Durlach bzw. umgekehrt gerichtet. Aus der bildlichen Darstellung ergeben sich nun mit Hilfe der darin enthaltenen Konstruktionslinien die sämtlichen in Tab. 1 eingetragenen Werte σ, τ, ξ, η sowie die entsprechenden gestrichenen Größen. Alle weiteren Einträge, zu deren Bestimmung der Rechenschieber genügt, entsprechen dem Bau der Ausdrücke (22) und (23). Die vollständige Ausrechnung führt schließlich, wenn man als mittleren Fehler der beobachteten Dreieckswinkel $\mu = \pm 1{,}59''$ (Sexagesimalteilung) ansetzt, nach den Gleichungen (22) bis (25) auf die Werte:

$$m_L = \pm 0{,}67 \text{ m}, \quad m_q = \pm 0{,}71 \text{ m}, \quad m_\varphi = \pm 1{,}34'' \quad \ldots (33)$$

Es soll noch der mittlere Fehler der beiden Abgangs-

Tabelle 1.

Punkt	α	σ	τ	ξ	η	$(\sigma\xi)^2$	η^2	$\mp\tau\xi\eta$	$(\sigma\eta)^2$	ξ^2
				km	km	10 km²	10 km²	10 km²	10 km²	10 km²
P_0 = Straßburg	.	.	.	.	.	.	.	.	.	.
P_1 = Hornisgrinde	l	+1,14	+0,27	+48,1	+6,0	+300	+4	−8	+5	+231
P_2 = Rittershofen	r	0,83	−1,21	+22,6	+33,7	35	113	−92	78	51
P_3 = Merkur	l	1,57	+0,21	+29,6	+6,0	216	4	−4	9	88
P_4 = Durlach	.	.	.	.	0,0	.	.	.	.	.
Summe:						+551	+121	−104	+92	+370
Punkt	α'	σ'	τ'	ξ'	η'	$(\sigma'\xi')^2$	η'^2	$\mp\tau'\xi'\eta'$	$(\sigma'\eta')^2$	ξ'^2
P_0' = Hornisgrinde	.	.	.	.	.	.	.	.	.	.
P_1' = Straßburg	l	+1,02	−0,21	+48,5	−36,7	+245	+134	−37	+140	+235
P_2' = Silbereck	r	0,86	−0,17	+29,8	−12,5	66	16	+6	12	89
P_3' = „	r	0,93	+0,43	+29,8	−12,5	77	16	−16	14	89
P_4' = Catharina	l	1,24	−0,72	−2,1	−24,9	1	62	+4	95	0
P_5' = Candel	.	.	.	.	0,0	.	.	.	.	.
Summe:						+389	+228	−43	+261	+413
Gesamtsumme:						+940	+349	−147	+353	+783
							+1142		+1283	

Tabelle 2.

Punkt	α	σ	τ	ξ	η	$(\sigma\eta)^2$	$\pm\tau\xi\eta$	ξ^2
				km	km	10 km²	10 km²	10 km²
P_0 = Durlach	.	.	.	+109,6	0,0	.	.	.
P_1 = Merkur	r	+1,57	−0,21	+80,0	−6,0	+9	−10	+640
(P_1 = Rittershofen)	(l)	(1,04)	(−0,96)	(+87,0)	(−33,7)	(123)	(+281)	(755)
P_2 = Rittershofen	l	0,83	+1,21	+87,0	−33,7	78	−355	755
P_3 = Hornisgrinde	r	1,14	−0,27	+61,5	−6,0	5	−10	377
P_4 = Straßburg	l	1,02	−0,21	+48,5	−36,7	140	+37	235
P_5 = Silbereck	r	0,86	−0,17	+29,8	−12,5	12	−6	89
P_6 = „	r	0,93	+0,43	+29,8	−12,5	13	+16	89
P_7 = Catharina	l	1,24	−0,72	−2,1	−24,9	95	−4	0
P_8 = Candel	.	.	.	.	0,0	.	.	.
Summe:						+352	−332	+2185
(Summe):						(+466)	(−41)	(+2300)
						+2205	(+2725)	

winkel der Diagonale in einem ihrer Endpunkte, nämlich Durlach, bestimmt werden: Diese Fehler mögen m_{λ_1} und m_{ν_1} sein, wo λ_1 und ν_1 die Winkel sind, welche die Diagonale Durlach—Candel mit den Seiten Durlach—Merkur bzw. Durlach—Rittershofen einschließt. Für diese Untersuchung verbindet man Durlach mit Candel durch einen einzigen Zug, wobei Durlach—Merkur bzw. Durlach—Rittershofen als festliegend anzunehmen ist, je nachdem es sich um die Berechnung von m_{λ_1} bzw. m_{ν_1} handelt. In beiden Fällen aber liegt der Punkt U in Candel, während die in die Diagonale fallende $+\xi$-Achse nach Durlach gerichtet ist. Die für beide Fehler bis auf eine Zeile übereinstimmende Berechnung ist in Tabelle 2 enthalten, deren Einträge größtenteils unmittelbar der Tabelle 1 entnommen werden können. Sie erfolgt nach (19) und (32) für m_{λ_1} unter Weglassung der eingeklammerten Zahlen, für m_{ν_1} dagegen, indem die eingeklammerten Zahlen an die Stelle der entsprechenden Zahlen der vorhergehenden Zeile treten. Schließlich ergeben sich die Werte:

$$m_{\lambda_1} = \pm 1{,}76'', \quad m_{\nu_1} = \pm 1{,}96'' \quad \ldots \ldots \quad (34$$

als die gesuchten mittleren Diagonalenabgangsfehler im Endpunkte Durlach.

BAU-ERFAHRUNGEN.
Von Prof. Dr.-Ing. Gaber, Karlsruhe i. B.

Der starke Baubetrieb des letzten Jahrzehntes vor dem Kriege und die Anforderungen der Kriegsjahre ließen die Beteiligten daheim und draußen wertvolle Erfahrungen sammeln und brachten manchen Fortschritt im Tief-, Brücken- und Tunnelbau, von denen Einiges hier festgehalten werden möge.

1. Gründungen.

a) Mangelhafte Gründung einer Unterführung.

Irgendwo wurde eine Straßenunterführung in einem nassen Wiesentale gebaut, dessen Untergrund in seinen oberen Schichten Moor war. In all zu günstiger Beurteilung der Lage und vielleicht auch da der Bau ohnehin gegenüber den Nachbarstrecken im Rückstande war, hatte der Bauleiter die einzig richtige Gründung auf Holzpfählen vermieden und sich mit einem verbreiterten Fundamente begnügt, ohne es auf die guten unteren Schichten herabzuführen. Das Bauwerk hatte Stampfbetonwiderlager und darüber eine einbetonierte Walzträgerdecke. Die Parallelflügel für die 1½ füßige Böschung waren nicht durch durchgehende Fugen vom Widerlager getrennt — wie es sonst üblich ist — um ungleichmäßige Setzungen unter dem Einfluß der verschiedenartigen Belastungen für alle Teile unschädlich zu machen. Die Unterführung war bereits im Rohbau fertig, als beiderseits mit der 6 m hohen Dammschüttung begonnen und sie vor Kopf gegen das Bauwerk vorgetrieben wurde. (Abb. 1.)

Unter der Dammlast senkte sich der moorige Untergrund — und zwar um so mehr, je größer die Entfernung von der inneren Widerlagerflucht war, da die Schüttung nicht gleich voll bis an das Bauwerk heranreichte, sondern noch Kopfböschung hatte. Das Fundament eines jeden Widerlagers und vor allem jeder Flügel machte die Senkung des Untergrundes mit, während die beiden aufgehenden Widerlager durch die schwere betonierte Walzträgerdecke oben in ihrer gegenseitigen Lage wie mit Zugankern festgehalten wurden und sich in starken schrägen Bruchflächen von den Flügeln und den Fundamenten lösten. (Abb. 2.) Die in Abb. 1 u. 2 sichtbare Bruchfläche verlief steil geneigt nach der Straße zu, so daß ein Abrutschen der aufgehenden Widerlager mit Decke im Gefahrbereiche lag.

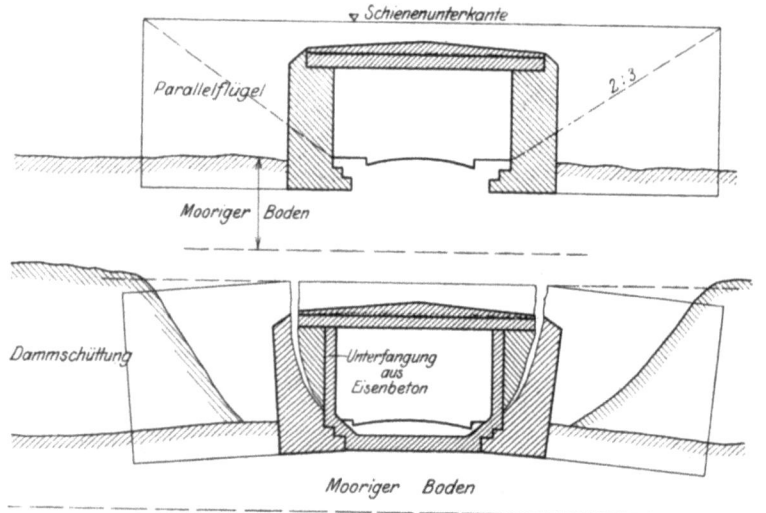

Abb. 1. Querschnitt der falsch gegründeten Unterführung.

Jeder Hauptriß erweiterte sich nach oben allmählich auf bald 0,10 m und die nur im massiven Betongeländer angebrachten Dehnungsfugen klafften weit. Die Flügel hatten auch ihre lotrechte Lage verlassen und hingen, durch den einseitigen inneren Erddruck noch ungünstig beansprucht, nach außen über.

Um ihnen einen Halt zu geben, wurden sofort die Seitenkegel mit steiler Pflasterböschung hergestellt und die Dammschüttung eingestellt. Sodann wurde die Walzträgerdecke auf jeder Seite mit einer sich an das Widerlager anlehnenden Eisenbetonwand unterfangen. Die beiden dünnen Stützwände ruhen auf einer über die ganze Straßenbreite reichenden gemeinsamen Eisenbetonfundamentplatte auf, welche zugleich die beiden Widerlager wagerecht verspannt und sie vor dem Abrutschen sichert. Die Verengerung der Straßendurchfahrt war unbedenklich, aber die Kosten für die Ergänzungsarbeiten waren hoch und verdoppelten nahezu die veranschlagte Bausumme. Der oben durch die Decke geschlossene Eisenbetontrog machte weitere Bodensenkungen ungefährlich und die Dammschüttung konnte auf beiden Seiten beendet werden.

Die Hauptursache der schon einer Zerstörung ähnelnden Formänderung lag zunächst in der falschen Gründung, welche nicht auf die tragfähige Schicht unter dem Moore hinabreichte. Ungünstig wirkten aber auch die Parallelflügel: denn senkrecht zur Bahnachse angeordnete Dreiecksflügel, welche durch durchgehende Fugen vom Widerlager getrennt worden wären, hätten die Rissebildung entweder ganz verhütet oder doch beschränkt, da sie nicht weit nach hinten in dem am stärksten abgesunkenen Untergrund hineingereicht und ihre vielleicht unvermeidbare Bewegung unabhängig von den Widerlagern ausgeführt hätten.

b) Richtige Gründung einer Unterführung.

In geringer Entfernung von diesem Bauwerk war bei dem gleichen Untergrunde gleichzeitig noch eine zweite Unterführung für eine im Bogen liegende Kleinbahn gebaut worden. In richtiger Erkenntnis des moorigen und unzuverlässigen Untergrundes hatte man die Widerlager jedoch auf Holzpfähle gestellt, die bis zur tragfähigen Schicht eingerammt und unter dem Grundwasserspiegel abgeschnitten wurden. Die wegen der notwendigen Baubeschleunigung weitgehend aufgelösten Widerlager erhielten zahlreiche Bewegungsfugen, standen aber auf durchgehenden eisenbewehrten Fundamentplatten. Zwischen den Sparbögen hielten stehende Bögen die Hinterfüllung ab. Die weit vorgezogenen Widerlager trugen eine Walzträgerdecke und setzten sich in Dreiecksflügeln fort, welche aber von ihnen durch durchgehende Fugen getrennt waren. Trotzdem wegen des höheren Dammes die Formänderung des Untergrundes noch größer war und auch hier erst nach der Bauwerksvollendung eintrat, traten nirgends Risse oder schädliche Bewegungen auf, da eben alle verschieden belasteten Bauteile sich ungestört bewegen konnten. Ohne Beeinträchtigung der Tragwirkung war das Bauwerk zwar weitgehend aufgeteilt, aber einheitlich und sicher gegründet worden.

Elastische Gründung eines Durchlasses.

Dicht dabei war lange vor dem Beginn der Dammschüttung im Tiefpunkt des Dammlagers ein Zementrohrdurchlaß mit $\emptyset = 1,00$ m leichtsinnig gelegt worden, dessen einheitliche starke Betonsohle auf dem moorigen Grunde ruhte. Mit fortschreitender Schüttung bog sich der Dohlen in seiner ganzen Längsrichtung wie ein schwimmender Balken durch, so daß die Biegungslinie einen Pfeil von nahezu 1,00 m hatte. Das Fundament war zwar gerissen, aber die seitlich verstärkten Röhren hielten stand. (Abb. 3). Der Dohlen mußte wegen einer Dammverbreiterung verlängert werden: man verzichtete auf die sonst richtige Pfahlgründung und gründete den neuen Teil auf eine elastische Fundamentplatte. Die Platte wurde in 0,25 m hohe Betonlamellen aufgelöst, zwischen denen nasser Lehm verstrichen wurde, um eine dauernde Trennung zu erhalten. Der neue Teil schloß sich nach der Dammverbreiterung organisch der Biegungslinie des alten Teiles an, ohne daß irgendwelche Risse eintraten. Der ursprünglich als Dohlen mit gleichmäßigem Gefälle angelegte Rohrstrang erfüllt seine Aufgabe nun als Dücker mit durchgebogener Sohle, dessen Verschlammung durch einen guten Schlammfang auf der Bergseite ziemlich verhindert wird. Die Gründung auf dem in Einzellamellen aufgeteilten Fundament hat sich hier und in noch mehr Fällen bewährt und kann dort, wo entweder aus Zeitmangel oder aus Kostenersparnis von der künstlichen Gründung abgesehen werden soll, empfohlen werden. Um die durch die Dammlast verursachte Durchbiegung ungefährlich zu machen, muß jedoch durch Beschränkung der Bauhöhe die Steifigkeit des Bauwerkes niedrig gehalten und müssen z. B. lieber an Stelle eines einzigen Zementrohres mit großem Durchmesser zwei nebeneinanderliegende Zementröhren gewählt werden.

2. Entwurfarbeit.

Bei der zweigleisigen Kriegsbahn Aachen—Tongeren in Nordbelgien, bei der ich wohl als Einziger von dem ersten Vorentwurfe bis zur Inbetriebnahme leitend mitgearbeitet habe, stand die Entwurfbearbeitung der großen Talbrücken und Bauwerke unter dem Einfluß der besonderen Forderung nach

1. kürzester Bauzeit,
2. Verwendung einheimischer Baustoffe,
3. einfacher Ausführung wegen des Mangels an Facharbeitern,
4. guter Formgebung,
5. guter Erweiterungsmöglichkeit für ein zweites Gleispaar.

Eisen konnte in Belgien kaum aufgetrieben werden und schied im allgemeinen aus, während Stampfbeton weitgehend verwendet wurde, zu dem entweder die Maas oder vorhandene Gruben und Steinbrüche den Sand, Kies oder Schotter und die modernen Zementfabriken bei Visé wenigstens teilweise den Zement lieferten. So bildete man denn bei genügender Bauhöhe die Über- und Unterführungen als Stampfbeton Wölbbrücken aus, während man bei beschränkter Bauhöhe zu einbetonierten Walzträgerdecken auf Stampfbetonwiderlagern griff. In einigen besonderen Fällen, bei denen Brücken über den Kanal Lüttich—Mastricht und über die Maas dicht bei Visé, sowie über das Geultal bei Moresnet geführt werden mußten, verboten die großen Baulängen von 366 + 611 = 977 m und 1163 m und die verfügbare kurze Bauzeit die Anordnung von Bogenbrücken und es wurden deshalb frei aufliegende eiserne Strebenfachwerkträger auf Stampfbetonpfeilern gewählt.

a) Massivbauten.

Die Kreuzung des alten Bahnhofes Glons, des Tales bei Martins fuhren auf 21 m hoher und 250 langer Brücke, und der Gulp auf 22,5 m hoher und 387 m langer Brücke wurden nach der Art der Berwinnetalbrücke ausgebildet, deren Nebenbögen eingespannte Kreisbögen mit 15 m Halbmesser und deren Hauptbögen Dreigelenkbögen von 27 m Lichtweite sind (Abb. 4). Die Endwiderlager dieser Bahnbrücken sind viergleisig ausgebildet worden. Da sie meistens hoch waren und ihre Flügel in normaler Ausbildung für einen starken einseitigen Erddruckhätten gebildet werden müssen, griff man zu Lösungen wie in Abb. 5, bei dem westlichen Endwiderlager der Gulptalbrücke oder bei den Endwiderlagern der Maaßbrücken, wo jedesmal der untere Teil der Erdschüttung zwichen den Flügeln durch

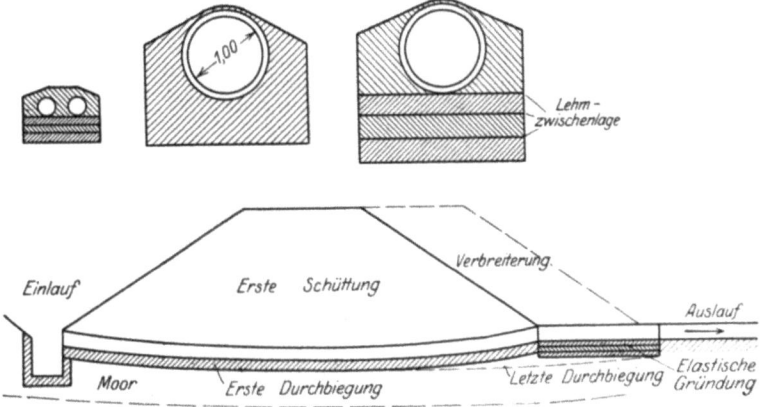

Abb. 2. Lichtbild der falsch gegründeten Unterführung.

Abb. 3. Der Rohrdurchlaß.

ein Tragwerk — dort Gewölbe, hier betonierte Walzträger[1]) ersetzt wurde.

Häufige Trennungsfugen berücksichtigen die Längenänderungen beim Erhärten des Betons und beim Wärmewechsel und die verschiedenen Formänderungen der verschieden belasteten Bauteile. Weitgehendes Auflösen der starken Betonkörper durch Sparbögen und dergl. verringerte den Verbrauch an Baustoffen und beschleunigte das Erhärten des allseitig der Frischluft ausgesetzten Betons. Überkragen der oberen Flügelteile in der Längsrichtung verringerte die Flügellänge im Unterbau und das Aufsetzen der Brüstungen auf seitlichen Auskragungen außerhalb der Flügelebene verkleinerte die Breite des Unterbaues. (Abb. 6.)

Ein Beispiel für eine Wegunterführung aus Stampfbeton ist die zwischen Geertunnel und Maaskanal gelegene 46 m lange Unterführung, bei der bei aller Einfachheit der Konstruktion besonderer Wert auf sorgfältige Entwässerung und Sicherung der Steinpackungen gegen Abrutschen durch Anordnung von 4 Wasserrinnen auf der Rückseite — Deckung der zahlreichen Dehnungsfugen durch Stoßlaschen aus Eisenbeton — und auf

Abb. 4. Berwinnetalbrücke (Lichtbild).

Die Wasserrinne überspannt so den wiederzugefüllten hinteren Arbeitsraum der Baugrube. Gewöhnlich ruht nach einer schlechten Sitte die Steinpackung auf dieser Schüttung auf, sinkt mit dem unvermeidlichen Setzen der Fundamenthinterfüllung nach einiger Zeit unrettbar zusammen, verliert den Zusammenhang und sichert dann nicht mehr den raschen Abfluß des Wassers auf der Widerlagerrückfläche.

Bei diesem Bauwerke wurde die Bedeutung der relativen Fundamentpressung offensichtlich. Im nahezu 20 m hoch überschütteten Dammlager beiderseits herrschte schon eine Bodenpressung von 3,6 kg/cm², so daß im Bauwerksfundament bei einer üblichen Zusatzpressung von 4 kg/cm² eine Druckspannung von 7 bis 8 kg/cm² unvermeidlich war, die denn auch vom kiesigen Untergrunde anstandslos ausgehalten wurde.

Eine eigenartige Aufgabe war mir an der schienenfreien rechtwinkligen Kreuzung zweier Bahnhöfe im Maastal gestellt und mußte ohne Vergleichsentwürfe rasch gelöst werden[2]). Den unteren Bahnhof überspannt ein eingespannter Kreisbogen mit 1/3 Stich und 25 m Weite, an den sich östlich zur Ersparnis eines langen, 22 m hohen Parallelflügels ein 16 m weiter Halb-

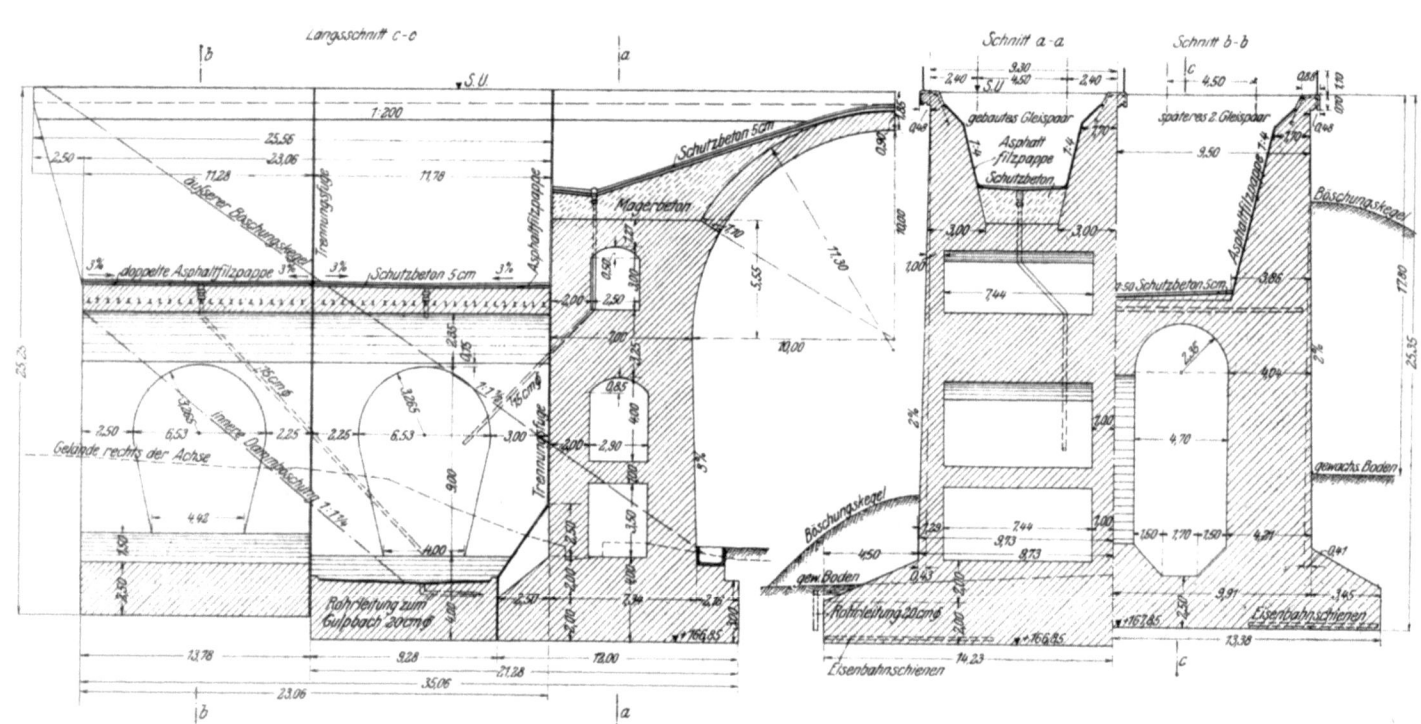

Abb. 5. Endwiderlager Gulptalbrücke.

einen beweglichen Anschluß der Dreiecksflügel gelegt wurde. Die unteren Wasserrinnen wurden sonst bei senkrechter Rückfläche der Widerlager gewöhnlich nach hinten ausgekragt und so angeordnet, daß sie wenig unter der gewachsenen Bodenoberfläche liegen, da ihnen dann auch das Sickerwasser des Dammes, das sich auf dem gewachsenen Boden bei starken Niederschlägen sammelt, zugeleitet werden kann.

kreisbogen anschließt. Dieser Bogen erhielt außerdem die Aufgabe, die hohen und daher teuren Fundamente für den Bahnsteig- und Gepäcktunnel unter dem oberen Bahnhof zu ersparen, welche, als schlanke Pfeiler ausgebildet, durch die starken Sackbewegungen in dem 22 m hohen Dammkörper sicher gefährdet worden wären, und trägt daher über seinem Scheitel den gewölbten Personentunnel von 3,60 m

---

[1]) Siehe Bauingenieur 1920 Nr. 23 u. 24. „Ausführung und Kosten der Maasbrücken bis Visé."

[2]) Siehe Organ f. d. Fortschritte des Eisenbahnwesens 1921. Das Kreuzungsbauwerk bei Visé.

Lichtweite mit den ausgekragten Zugangstreppen nach oben, während an seinem Scheitel der Gepäcktunnel aus Eisenbeton aufgehängt ist. Das Nebengewölbe wird von den Aufzugsschächten der Gepäckfahrstühle durchdrungen und ist hier stark mit Eisen bewehrt. Das Hauptgewölbe trägt im Scheitel das Turmstellwerk des oberen Bahnhofes und erspart dadurch eine unsichere Plattengründung auf dem Damme. Der Mittelpfeiler und die beiden Endwiderlager sind weitgehend aufgelöst, ohne daß auf die günstige Wirkung des Erddruckes von der Hinterfüllung verzichtet worden wäre. Bei einer Länge von über 50 m kam den Bewegungsfugen erhöhte Bedeutung zu, die durch die Kämpfer der Sparbögen gehend angeordnet wurden. Unter dem Einfluß des wechselnden Grundwasserstandes arbeiten die Widerlager in stark bemerkbarer Weise. Der eine 23 m hohe und 6,50 m starke Dreiecksflügel der Südwestecke wurde vollkommen zum Hohlflügel aufgelöst, aber derart, daß gleichzeitig der wagrechte Schub der Hinterfüllung größtenteils ausgeschaltet wurde.

b) Eisenbauten.

Der Überbau der drei Eisenbrücken im Maas- und Geultal[3]) zeichnet sich vor allem durch den Brückenquerschnitt aus. Die oben liegende zweigleisige Fahrbahn wird nach dem Entwurfe vom MAN Werk Gustavsburg von 4 breitflanschigen, dünnstegigen I-Längsträgern und Querträgern getragen, die frei auf den Obergurten auflagern. Bei der nach dem gleichen Muster entworfenen Dubissabrücke in der Bahn Tilsit—Schaulen sind auch die Querträger massive Walzträger. Während die äußeren Längsträger bei einer Gleisentfernung von 3,50 m einen Abstand von 5,30 m haben, sind die beiden Hauptträger nur 4,50 m voneinander entfernt, so daß zwar äußere Schiene und Längsträger seitlich herausliegen, aber die Pfeiler- und Widerlagerunterbauten dafür in ihrer Breite ganz erheblich eingeschränkt werden konnten. Entsprechend den verschiedenen Höhenunterschieden zwischen Gelände und Schienenoberkante sind verschiedene Stützweiten gewählt worden, wenngleich die Einzelausbildung gleich blieb. Ein Vergleich der gleichartigen Überbrückungen zeigt, daß die Pfeilerachsentfernung gleich dem 1,5—2-fachen Höhenunterschiede zwischen Schienenoberkante und Gelände ist. Die Feldweite ist $1/6 - 1/8$ und $1/12$ der Stützweite, die Trägerhöhe

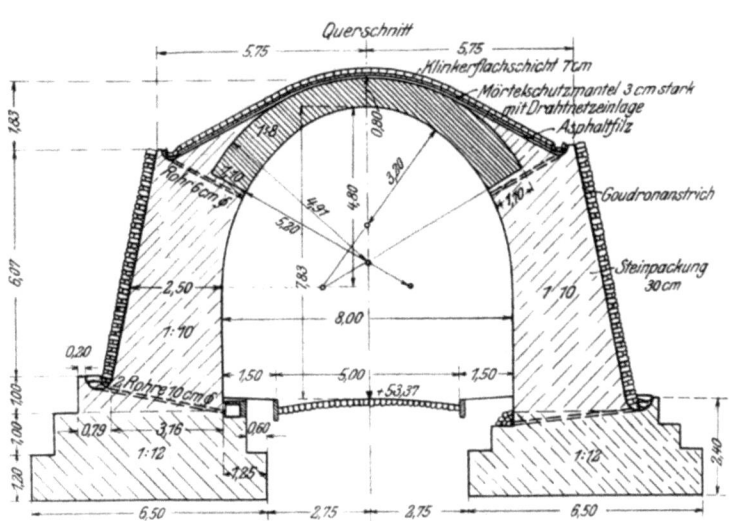

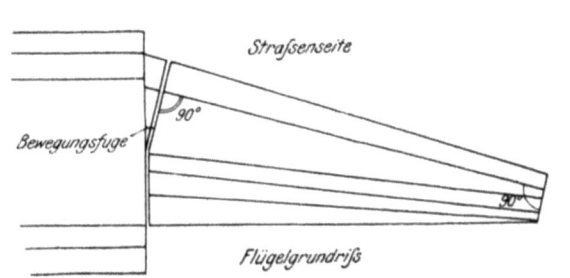

Abb. 6. Straßenunterführung.

[3]) Siehe Bauingenieur 1920, Nr. 23 u. 24, 1921, Nr. 11 u. 12.

$1/6 - 1/7{,}2$. Die Maaskanalbrücke mit ihrer Feldweite gleich $\frac{L}{8}$ und ihrer Trägerhöhe gleich $\frac{L}{7,12}$ verlangte am wenigsten Eisen — nur 2,80 t für den lfm oder 0,079 t für die Einheit von $b \cdot L^2$. Die Einteilung des Gerberträgers an der Maas wo der Kragarm $\frac{1}{6,4}$, der Hängeträger gleich 0,92 der Stützweite der Seitenöffnung hat, war günstiger als am Maaskanal, wo die Werte $1/10$ und 1,2 sind. Bei der kleinen Brückenbreite war bei allen Brücken eine große Trägerhöhe nötig, damit bei Vollbelastung eines Gleises der Träger, der nahezu ganz diese Last aufnimmt, sich nicht zu stark gegenüber der anderen nahezu unbelasteten Wand durchbiegt und damit die dadurch erzeugten Nebenspannungen vermindert werden (Abb. 7).

Bei den nur bis zu 13 m hohen Zwischenpfeilern der Brücken im Maastale sind abwechselnd feste und bewegliche Lager angeordnet worden. Bei den bis zu 42 m hohen Zwischenpfeilern der Geultalbrücke war dies nicht möglich. Immer zwei und nur einmal 3 Brücken sind durch genietete Stäbe, die in der Untergurtebene in der Brückenlängsachse liegen und an den benachbarten Schnittpunkten das Endstreben des unteren Windverbandes befestigt sind, zu einer Gelenkkette verbunden, welche an 5 Gruppenpfeilern und dem westlichen Endwiderlager ihre Längskräfte durch Stäbe und einen betonierten eisernen Anker auf den Unterbau abgeben. So konnten hier alle Zwischen- und Gruppenpfeiler längs bewegliche Auflagen erhalten.

Das erfolgreiche Bestreben nach Vereinfachung der Werkstätten- und Montagearbeit veranlaßte weitgehende Verwendung von Walzprofilen an Stelle genieteter Profile.

Bei allen Brücken wurden die teuren Auflagerquader aus Naturstein, die mit zunehmenden Abmessungen immer weniger zuverlässig ausfallen und infolge innerer Mängel schon manchenorts im Betriebe zerstört worden sind, durch Eisenbeton ersetzt. Im Maastal ruhen immer die beiden Lager zweier benachbarter Überbauten auf einem am Auflager hergestellten Betonquader mit Eisenumschnürung, während bei den Geultalzwischenpfeilern alle 4 Lager eines Pfeilers auf einer einzigen gemeinsamen Betonplatte mit Eisenrost sitzen.

3. Baumethoden.

Selbst große Deutsche Bauunternehmungen mit umfangreichem Gerätepark sahen sich an der Kriegsbahn Aachen—

Tongeren vor außergewöhnliche Aufgaben gestellt, da die großen Arbeitsmengen in zwei Baujahren zu bewältigen waren. Der Betrieb war vor allem so einzurichten, daß von Anfang an viele Angriffsstellen geschaffen und viele Großgeräte angestellt werden konnten, sowie daß an der gleichen Baustelle der Erdbau gleichzeitig mit dem Betonbau und der Betonbau gleichzeitig mit dem Eisenbau betrieben werden konnte. An Stelle des sonst üblichen und zweckmäßigen „Hintereinander" trat das „Nebeneinander".

a) Erdbau.

Eine der schwersten Arbeiten war neben dem über 2 km langen Vörstunnel die Erdarbeit im großen Einschnitt für

Der Löffel hatte 3 cbm Inhalt, die Holzkastenkipper 4—5 cbm. Für den einen Einschnitt waren bereit gehalten 9 Löffel- und 4 Eimerbagger, 39 Lokomotiven und 400 Wagen, 31 km Gleis und zeitweilig 1640 Mann. Für das Lösen von rund 1000 cbm Fels täglich lieferte eine am Einschnittsrande eingerichtete Anlage mit 3 Kompressoren 24 cbm Preßluft in der Minute mit 6 Atm. Betriebsdruck.

Die Schüttarbeit wich notgedrungen bald von der Regel ab, verließ das Schütten in Lagen und strebte so schnell wie möglich durch Aufdämmen in die endgültige Höhe, um später die Verbreiterung von oben herunter zu kippen. Zur Sicherheit hatte man die unteren Dammbermen aus gesunder Kreide als Dammfuß zuerst gekippt (Abb. 8).

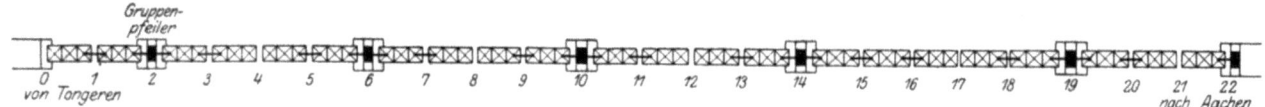

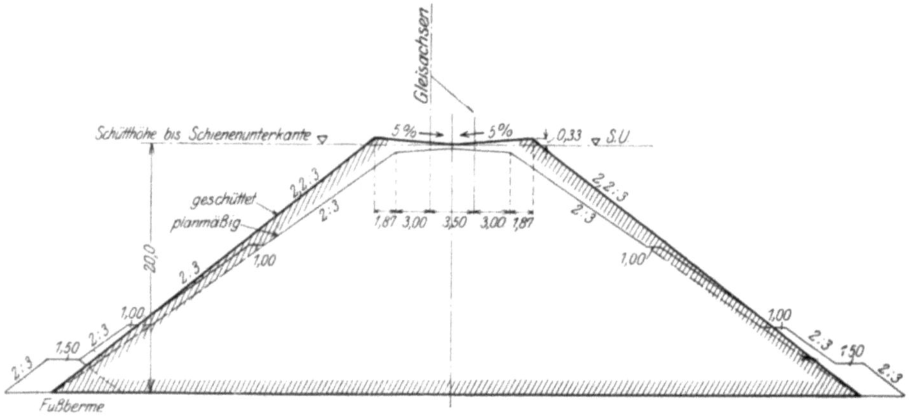

Abb. 7. Schema des unteren Windverbandes der Geultalbrücke.

den oberen Bahnhof Visé zwischen Maas- und Berwinnetal, der aus Lehm, Mergel und Karbonkalk bestand und bei 1250 m Länge und 27 m Tiefe 2 000 000 cbm Abtrag verlangte, wovon 150 000 cbm gesunder Fels waren. Die Baueinrichtung begann mit dem Bau einer 580 m langen eingleisigen Holzbrücke über die Maas und einer 290 m langen über den Maaskanal, wodurch die Dienstbahn mit 0,90 m Spur in 10 m Höhe die Kippen für den 20 m hohen Maastaldamm erreichen konnte. Im späteren Hochbetriebe zeigte es sich, daß die geringen Mehrkosten für einen zweigleisigen Bau der Brückenfahrbahn sich durch gesteigerte Förderleistungen reichlich ausgeglichen hätten. Der Abtrag begann in den oberen 10 m mit 3 Eimerbaggern und einem Löffelbagger. Die Eimerbagger wurden auch in der nächsten Stufe noch verwendet. Hier und in den folgenden Stufen erwies sich der Löffelbagger für den Mergelabtrag als leistungsfähiger und die Eimerbagger verschwanden allmählich ganz. In diesem Einschnitte arbeiteten im August 1916 gleichzeitig 3 Eimer- und 8 Löffelbagger im Tag- und Nachtbetrieb. Die große Fördermasse und Weite verlangte ein im Grund- und Aufriß gut verlegtes und unterhaltenes Gleisnetz, dessen Hauptstrecken möglichst außerhalb des Arbeitsraumes lagen und von dem zahlreiche bewegliche Gleisstümpfe zu den Kippen abzweigten. Der Zugverkehr war durch Ausweichen, Streckenfernsprecher und Zugmeldung geregelt und durch flache Steigungen und große Radien (1 : 50 und R = 200 m) erleichtert. Da die Arbeitsstellen und Fördergleise gut elektrisch beleuchtet waren, leistete die Nachtschicht fast ebensoviel wie die Tagschicht. Am Bagger erfolgte der Zugwechsel meist im Ringbetrieb. Für das Rücken des Eimerbaggergleises war eine Gleisrückmaschine Patent Prof. Kammerer-Arbens mit großem Nutzen verwandt worden, während sich ein Kippenräumer in Schneeschlittenform nicht bewährte.

Das Schüttprofil des Maasdammes, von dem aus erst später die Bermen mit Hand hergestellt werden sollten, hat sich bewährt und auch das Kippen von voller Höhe veranlaßte trotz der Arbeit bei Frost und Regen im allgemeinen keine Rutschungen.

Zur Warnung möge aber ein Vorgang beim Kreuzungsbauwerk in Visé dienen. Um möglichst schnell das Planum für ein Vollbahngleis herzustellen, mußten sämtliche Kippen auf dieses vereinigt werden. Dadurch blieb der Böschungskegel am Südostflügel des Bauwerkes zurück. Hinter dem Flügel, der z. T. auf dem Nebengewölbe saß und 3,50 m frei auskragte, türmte sich die Schüttung auf. Unter dem gewaltigen einseitigen Schub wich der Flügel nach außen aus. Da er auf der Innenseite durch Eiseneinlagen mit dem Gewölbe verbunden war, riß er nicht ab; aber der am großen Hebelarme angreifende Erddruck riß das Nebengewölbe entzwei. Das war um so gefährlicher, als an der Flügelwurzel sich im Gewölbe die große Aussparung für den Gepäckaufzug befand. Da das Gewölbe hier aber ausreichend mit Eisen bewehrt worden war, ging der Riß zwischen Aussparung und Südstirn durch den massiven Bogen und bildete sich nicht plötzlich sondern allmählich. Dadurch konnte die Gefahr rechtzeitig erkannt und durch sofortiges Nachholen des Böschungskegels beseitigt werden. Es kann daher bei Anwendung von auskragenden Flügeln nur empfohlen werden, für eine sichere Verankerung des Flügels und vor allem für eine gleichzeitige Ausführung der Hinterfüllung und des Böschungskegels zu sorgen.

b) Betonbau.

Bei allen Unterbauten der drei Eisenbrücken in der Linie Aachen—Tongeren wurde der Beton im Tale gemischt

Abb. 8. Überhöhung und Verbreiterung des 20 m hohen Maasdammes bei Visé.

und durch Einzelaufzüge an jedem Pfeiler und Widerlager gehoben, so daß also kein durchgehendes Arbeitsgerüst verwendet und jeder Pfeiler für sich eingerüstet wurde. Auf diese Weise konnten die Rüstungen leicht den Platz für die bald nachfolgenden Eisenbaurüstungen freihalten. Für die Rüstarbeit an den hohen Pfeilern wurden weitgehend Turmdrehkrane verwendet. Bei den Endwiderlagern mußten die Schalungen ohne äußere Rüstungen aufgestellt werden, damit gleichzeitig der Böschungskegel geschüttet werden konnte. Da eine Arbeit die andere trieb, war es unerläßlich, ein genaues Bauprogramm für alle Einzelheiten, besonders des Beton- und Eisenbaues mit den beteiligten Unternehmungen recht frühzeitig aufzustellen.

Bei den gewölbten Betonbrücken, die sich wie die großen Talübergänge durch große Bogenzahl oder wie das Kreuzungsbauwerk bei Visé durch große Gewölbebreite auszeichneten, wurden die Lehrgerüste durch Umstellen oder wie in Visé durch Verschieben in ihrer Längsachse mehrfach verwendet. Auch hier mußten die Brückenenden wegen der Erdarbeit für die Böschungskegel beschleunigt werden. Am Nebenbogen des Kreuzungsbauwerkes und östlichen Maasbrückenwiderlagers in Visé wurden freitragende Lehrgerüste nach dem Vorbilde der Tennetschluchtbrücke*) verwendet, die als fertige Binder aufgestellt und durch Verschiebung auf Rollen mehrfach gebraucht werden konnten. Häufig wurden auch bei den Wölbbrücken die Arbeitsgerüste durch eiserne Turmdrehkrane ersetzt und so an Arbeit und Bauzeit gespart. Bei den kleineren Gewölben betrug die Wartezeit für das Freisetzen von Lehrbogen in der Regel nur zwei, bei den großen Gewölben nur drei Wochen, ohne daß schädliche Wirkungen eingetreten wären.

Abb. 9. Die Gleisvorstreckmaschine. Patent Hoch.

c) Eisenbau.

Bemerkenswert sind die von den Eisenbaufirmen gewählten verschiedenen Arten des Zusammenbaues der gleichen Brücken, die zwar vor allem durch die knappe Bauzeit bedingt war, aber doch auch auf die großen Bauhöhen im Geultal und die Stromverhältnisse im Maastal Rücksicht nehmen mußten. Entsprechend dem Bereitstellen der Auflager durch den Betonbau baute jede Unternehmung ihr Eisenwerk in einer einzigen Richtung vor. Um möglichst viele Arbeitsstellen zu haben, wählten die beiden Unternehmungen im Maastale und das M.A.N-Werk Gustavsburg an seiner Geultalbrückenhälfte feste Rüstungen, während die Gutehoffnungshütte nur bei den niederen Öffnungen ihrer Hälfte an der Geultalbrücke feste Unterbauten vorsah. Dortmunder Union und Gustavsburg rüsteten aber nicht alle Öffnungen gleichzeitig ein, sondern setzten die Gerüste wiederholt um während Hein Lehmann an der Maasbrücke auf eine mehrfache Verwendung der Rüstungen verzichtete.

---

*) Gaber, Bau und Berechnung gewölbter Brücken, Julius Springer 1913.

Es verwendeten

Union	am Maaskanal für	L = 36,50 m	6	Holzjoche vereint zu 3 Türmen,
„	an der Maas für	L = 41,00 m	6	Holzjoche vereint zu 3 Türmen,
Hein Lehmann	„ „ „	L = 41,00 m	5	Holzjoche vereint zu 2 Türmen,
Gutehoffnungsh.	„ „ Geul „	L = 48,00 m	5	Holzjoche vereint zu 2 Türmen,
Gustavsburg	„ „ „	L = 48,00 m	4	Eisenjoche, vereint zu 2 Türmen.

Die Dortmunder Union baute das Eisenwerk in üblicher Weise mit einem einzigen den Brückenquerschnitt frei umspannenden Portalkran auf der Rüstung zusammen, der einseitig auskragte und die Eisenteile vom Gelände hochzog. Es gab somit 2 Arbeitsstellen: den Zusammenbau und das Abnieten.

Gustavsburg verwandte den gleichen Portalkran, aber doppelt, und schuf so 4 Arbeitsstellen, denn der erste Kran baute die Hauptträger zusammen und der zweite brachte die Fahrbahn auf, während an Hauptträger und Fahrbahn gleichzeitig genietet wurde. Außerdem konnten auch zahlreichere Nietkolonnen als an der Maas angestellt werden, da die beiden Krane eine doppelt so große Arbeitslänge schufen.

Hein Lehmann und Gutehoffnungshütte verwendeten Kranwagen, d. h. Hilfsbrücken, deren Fachwerkträger parallel der Gleisachse bewegt werden konnten und auf welchem an der Maas eine elektrisch betriebene Winde und an der Geul ein Dampfdrehkran fuhr und arbeitete. Hein Lehmann wollte damit nur an Gerüstbreite, die Gutehoffnungshütte aber das ganze Gerüst bis auf einen einzigen Rüstpfeiler, der immer wieder verwendet wurde, ersparen. Der Kranwagen an der Maas hatte 25 m, der an der Geul 25 m Radstand und beide 5 m Spurweite. Der erste lief mit seinen Vorderrädern auf den 5 m breiten festen Rüstung und mit den Hinterrädern auf den fertigen Brückenteil, hatte in einer Stellung 25 m Arbeitslänge und baute eine halbe Öffnung auf einmal zusammen. Der Geulwagen aber hatte 16 m Radstand, lief mit allen Rädern auf dem verankerten und freiauskragenden fertigen Brückenteil und kragte selbst 12 m weit frei vor. Bei einer Arbeitslänge von nur 8 m mußte er öfters bewegt werden. Die auf $^2/_3$ ihrer Länge frei eingebaute Brücke wurde dann auf einen eisernen Rüstpfeiler abgestützt und mit hydraulischen Pressen in die richtige Höhenlage gebracht.

Zurückblickend kann man sagen: Die übliche Methode, wie sie Dortmunder Union anwandte, eignet sich für normale Höhen. Sie ist von Gustavsburg durch die gut ausgebildeten, immer wieder verwendbaren eisernen Rüstpfeiler für große Höhen und vor allem für kürzeste Bauzeit fortentwickelt worden.

Die Bauart Gutehoffnungshütte empfiehlt sich bei ausreichender Bauzeit und großen Höhen durch ihren geringen Rüstkasten.

Die Bauart Hein Lehmann hält die Mitte zwischen den beiden letzten Arten und gewährleistet bei bedeutender Einschränkung der Rüstarbeit, die bei großen Höhen stark ins Gewicht fällt, einen großen Baufortschritt.

d) Oberbau.

Da der Unterbau für das erste beschleunigt dem Betrieb zu übergebende Gleis der Kriegsbahn Aachen–Tongeren sicher erst in allerletzter Stunde fertig werden konnte, mußte die Oberbauarbeit sorgfältig durchdacht und so ausgeführt werden, daß die eigentliche von der Witterung stark beeinflußte Arbeit auf der Baustelle auf ein Mindestmaß beschränkt und durch Maschinenverwendung noch erleichtert wurde. Man verlegte daher die Hauptarbeit auf einen vor der Witterung geschützten, mit allen maschinellen Hilfsmitteln ausgerüsteten Werkplatz, wo die Holzschwellen im Fabrikbetrieb maschinell gedechselt und gebohrt und mit den 18 m langen Schienen zu fertigen Stößen zusammengebaut wurden. Abb. 9.

Die Stöße verlud man nach provisorischem Unterbauen von Rollen durch Aufziehen mit der Lokomotive von einem Nachbargleis aus auf normalspurige Plattformwagen, die zu ganzen Zügen zusammengestellt wurden. An der Spitze eines Oberbauzuges war die Gleisvorstreckmaschine Patent Hoch, am Ende die Lokomotive, welche den Zug auf die Baustelle drückte. Das oberste Schienenfach eines Plattformwagens wurde etwas angehoben, wieder auf Rollen gesetzt und von den Leuten über die vorderen Plattformwagen hinweg bis zur Gleisvorstreckmaschine vorgezogen. Dabei liefen die Rollen wie beim Aufladen auf den Schienen der anderen Stöße und gelangten schließlich auf ein in seiner Neigung verstellbares Hilfsgleis in der Gleisvorstreckmaschine, das nach vorne auskragte. Die Maschine stand mit ihrem fahrbaren Untergestell auf dem fertigen vorderen Gleisende und kragte mit ihrem Kragarme so weit vor, daß der neue Stoß, nachdem die Rollen entfernt worden waren, mit besonderen Winden rasch auf die Bettung niedergelassen und in richtiger Lage an das bereits verlegte Gleis angelascht werden konnte. Nun drückte die Lokomotive am Zugende den ganzen Zug um 18 m vor und die Arbeit wiederholte sich. Die Maschine hat sich durch große Leistung ausgezeichnet, ist aber in ihrer Verwendbarkeit beschränkt, da sie das vorgeschriebene Lichtraumprofil nicht wahrt.

4. Bauorganisation.

Wer schnell bauen will, muß nach dem bewährten alten Vorbilde der früheren badischen Eisenbahnverwaltung, das sich auch allmählich beim Feldeisenbahnwesen durchsetzte, Entwurfsbearbeitung und Bauleitung im allgemeinen beim örtlichen Bauamte vereinen. Nur dann können die besonderen Verhältnisse der Baustelle rechtzeitig berücksichtigt und kostspielige Hemmungen, Entwurfänderungen u. dgl. vermieden werden. Liegen Entwurfbearbeitung und Bauausführung in einer Hand, dann kann unter voller Wirtschaftlichkeit in früher nicht für möglich gehaltenem Tempo gebaut und ganz erheblich an Bauzins und Verwaltungsaufwand gespart werden. Das setzt allerdings voraus, daß an der Spitze der Bauämter abweichend von der bisherigen Übung in Preußen ältere erfahrene Vorstände stehen, die ungehindert durch einen Wust laufender Betriebs- und Verwaltungsgeschäfte sich in ihre Bauaufgabe vertiefen können und deren Urteil auch nach oben durchschlägt. Gerade unter Hinweis auf die hervorragenden Leistungen im Feldeisenbahnwesen kann diese Bauorganisation für unsere sich neu einrichtende Reichsbahn und die Landesbauverwaltungen dringend empfohlen werden, dann haben nicht nur die Bauunternehmungen, sondern auch die Bauverwaltungen die reichen baulichen Erfahrungen durch den Weltkrieg sich nutzbar gemacht.

Additional information of this book

(Festschrift Zur Einweihung des neubaues der Bauingenieur-abteilung an Der technischen hochschule "fridericiana", karlsruhe i. B. 26. November 1921, 978-3-662-23697-0) is provided:

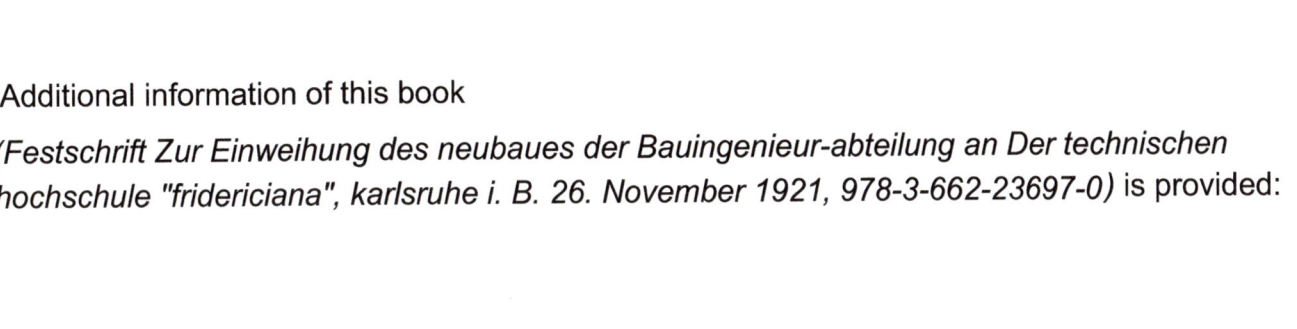

http://Extras.Springer.com

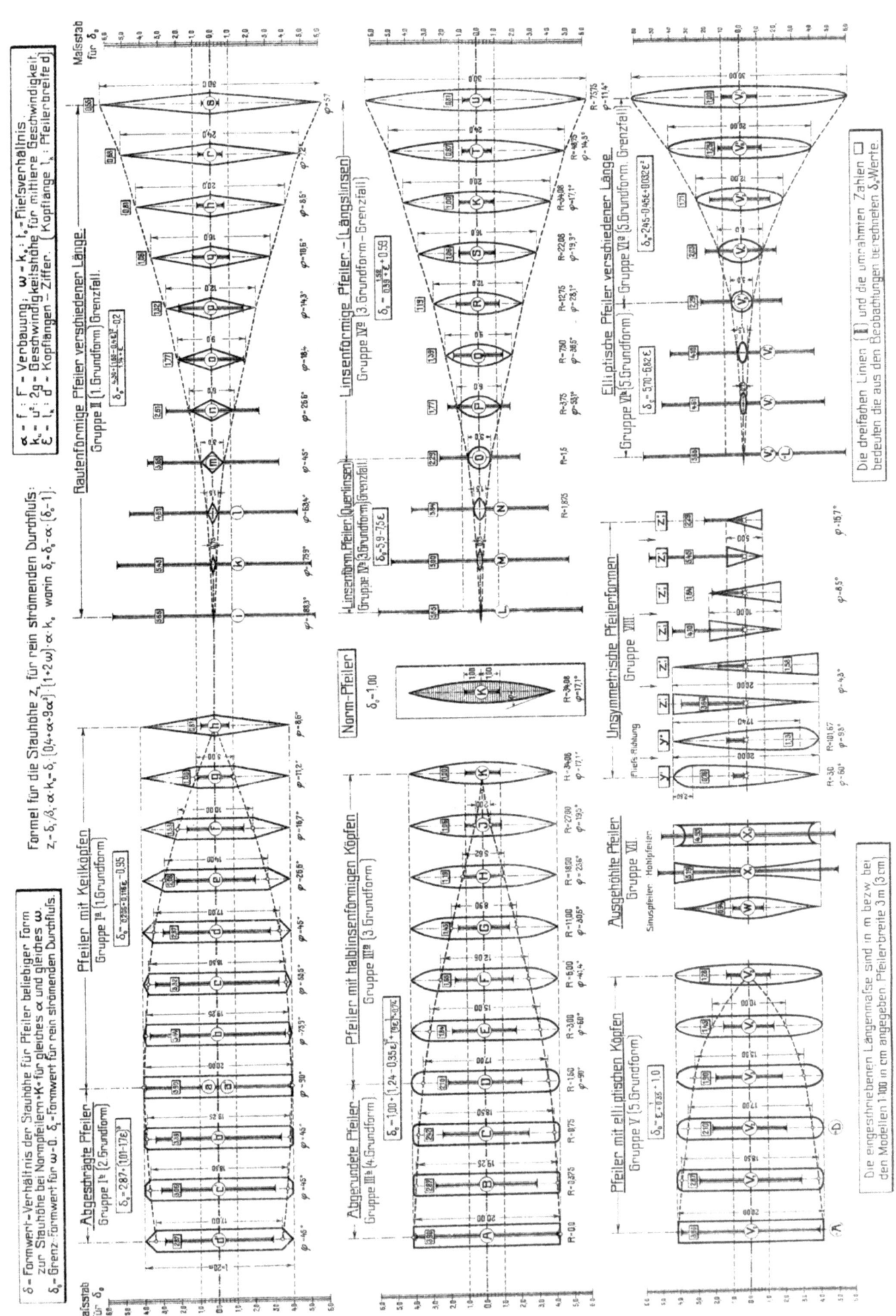

Tafel III.

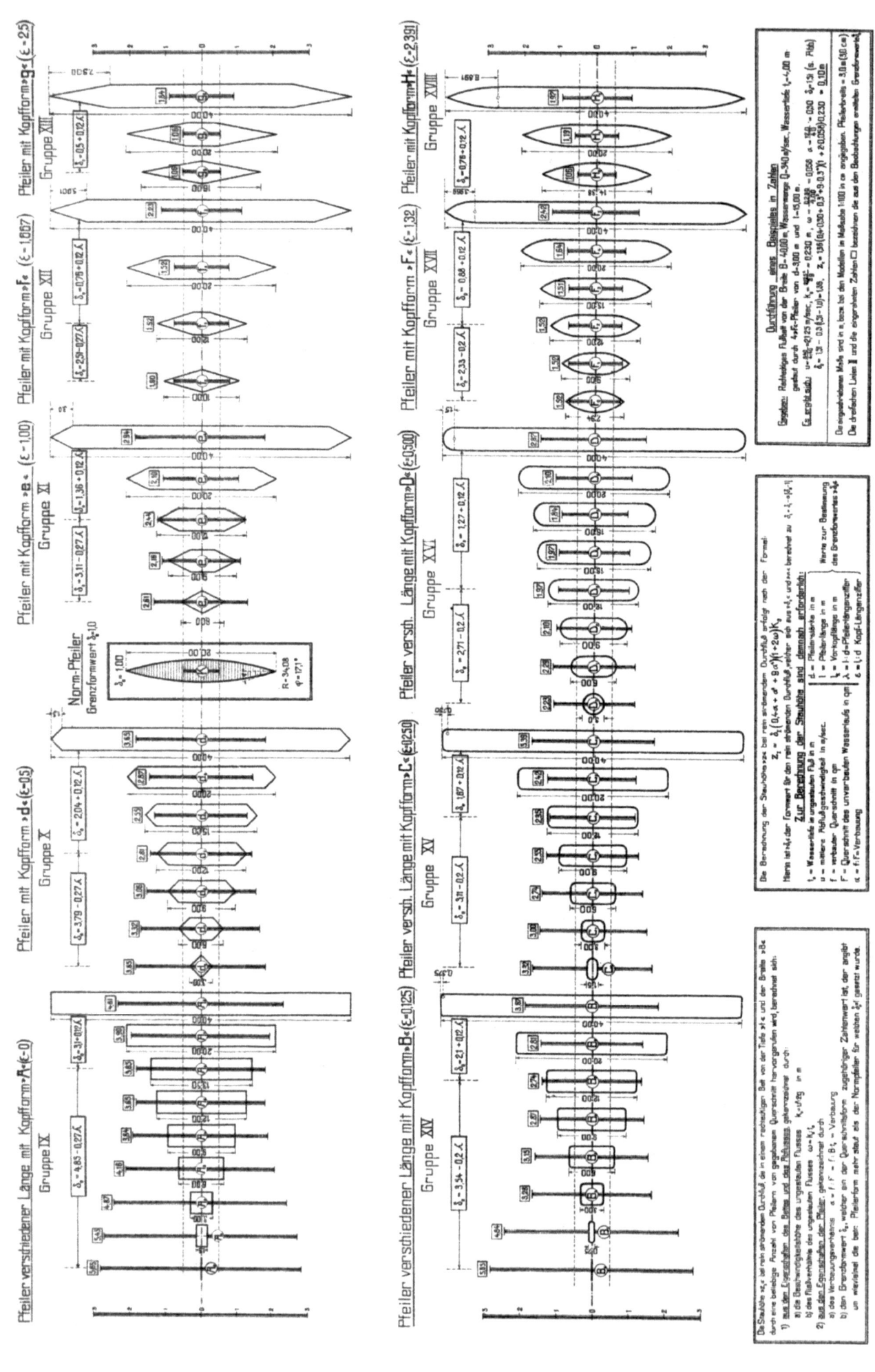

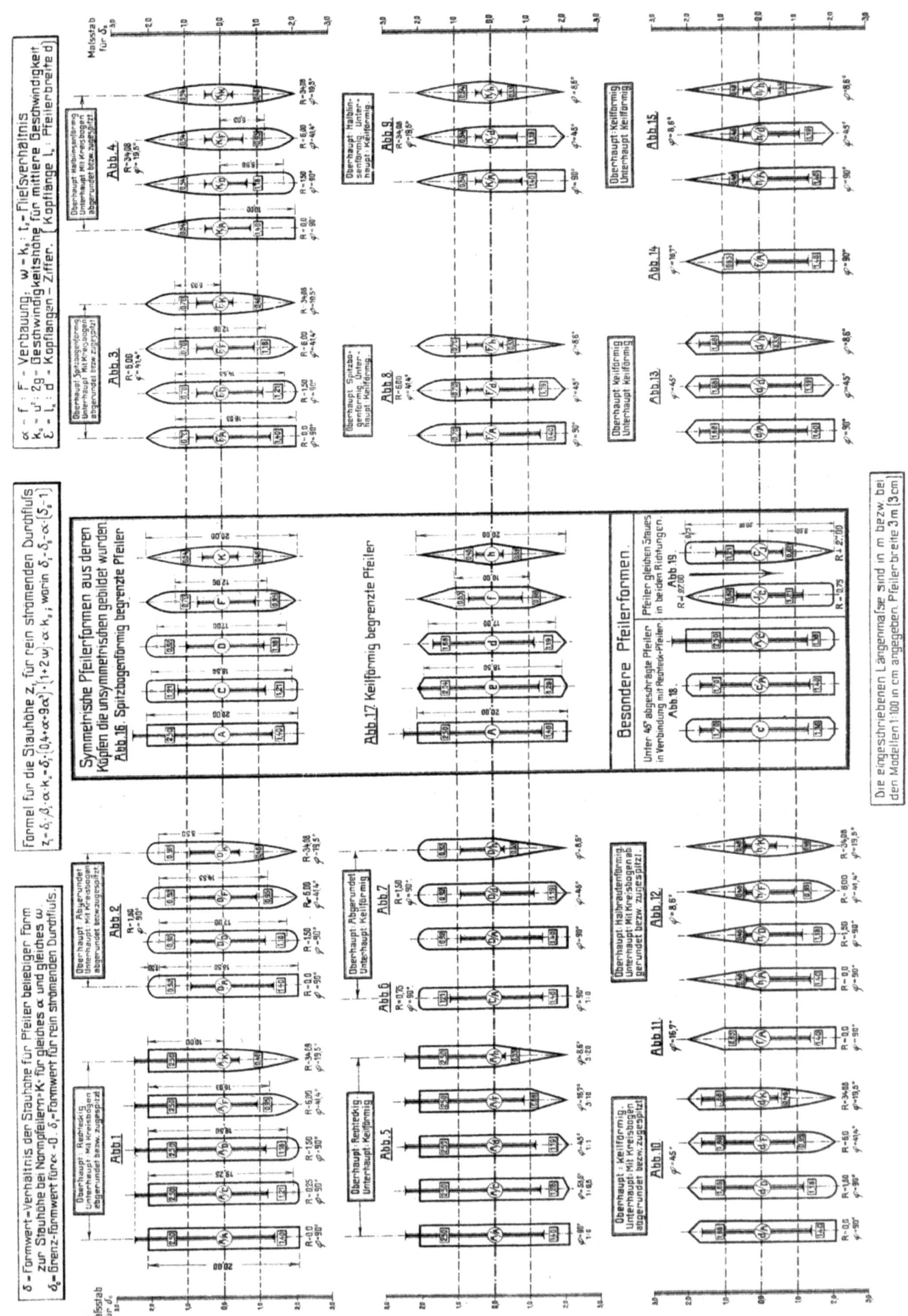

Tafel V.

Tafel VI.

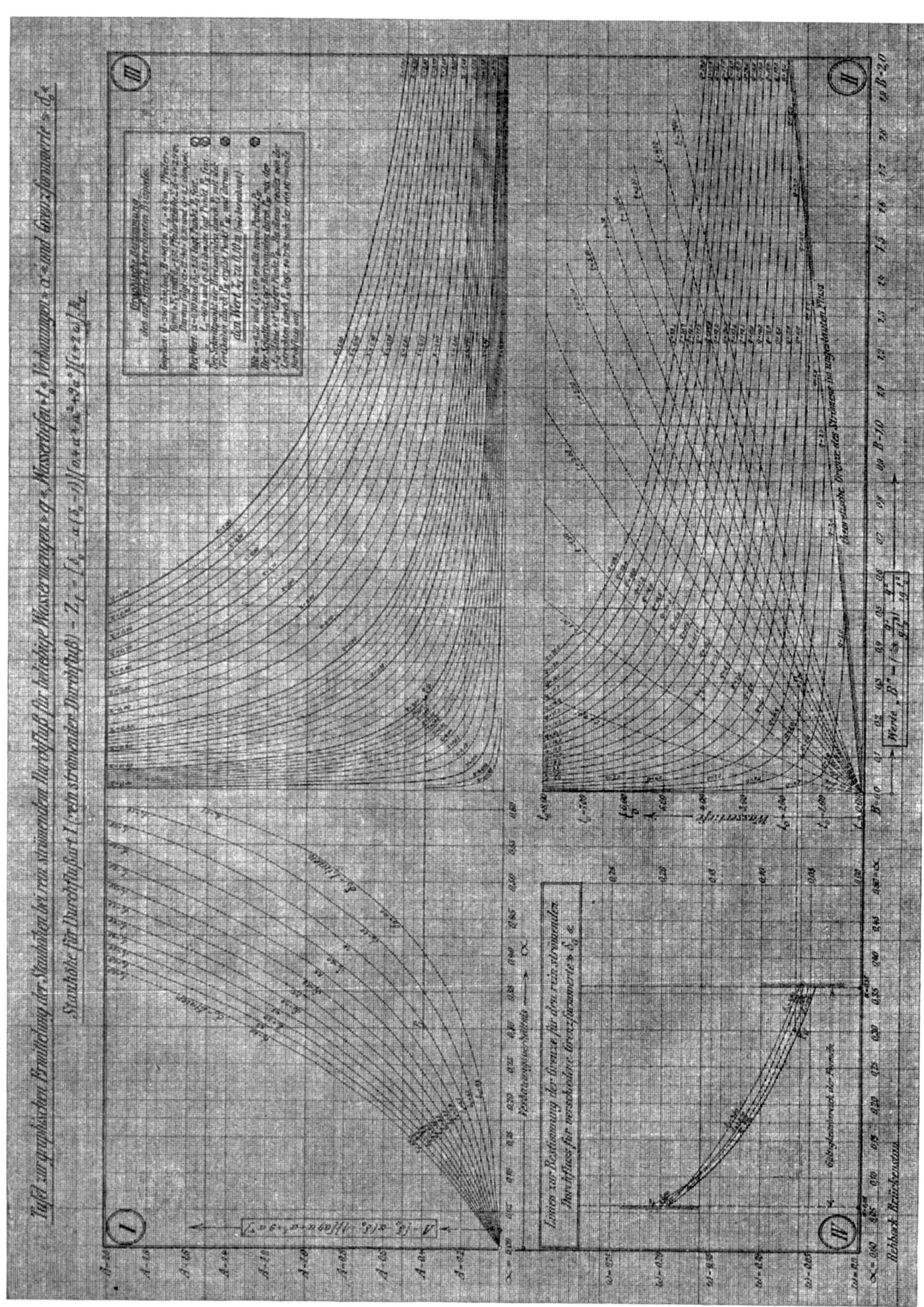

If you have any concerns about our products,
you can contact us on
ProductSafety@springernature.com

In case Publisher is established outside the EU,
the EU authorized representative is:
Springer Nature Customer Service Center GmbH
Europaplatz 3, 69115 Heidelberg, Germany

Printed by Libri Plureos GmbH
in Hamburg, Germany